"中国 小学生爱读本丛书经典" 活动
好在给小学生推荐，让小学生阅读，让小学生
爱看书的人。

卢勤

U0333783

全国百位优秀小学校长、优秀教师
联合编审

(排名不分先后)

学习型中国·读书工程

追踪
飞碟外星人

学习型中国·读书工程教研中心　主编

江苏凤凰科学技术出版社　凤凰含章

∾ 主编的话 ∾

亲爱的同学们:

阅读,可以开阔视野,获取新知;阅读,可以跨越时空,纵横古今中外;阅读,还可以和圣贤对话,与经典同行。

杜甫说:"读书破万卷,下笔如有神。"的确,取得作文高分的同学都有相同的诀窍——喜欢课外阅读。因为可以从阅读中学到一些好词佳句,掌握写作技巧,积累更多的写作素材。

为此,我们精心策划了这套"小学生爱读本"丛书,让小学生们评选出自己最喜欢看的"小学生爱读本百部经典"。根据评选结果,我们邀请全国100位优秀小学校长和老师联合编审,本着"强大阵容打造经典精品"的宗旨,精心编纂了这套有利于小学生身心健康成长的大型丛书——中国小学生爱读本百部经典。

这套"小学生爱读本"囊括了中国小学生学习、成长、生活的各个方面,堪称国内较权威、完整的小学生家庭阅读书架。

约翰生说:"一个家庭没有书籍,等于一间屋子没有窗子。"亲爱的同学们,我们殷切地希望你们能多读书、勤读书、读好书,在读书中品味,在品味中思考,在思考中成长。我们也由衷地相信通过阅读这套"小学生爱读本",你们必定能够吸收到书籍中珍贵的阳光雨露,为日后成长为对人类有贡献的栋梁之才打下坚实的基础。

学习型中国·读书工程教研中心

· 阅读导航仪 ·

当前你看到的是哪本书,在这里可以一目了然。

标题精练、新奇,能够激起小朋友们强烈的好奇心,吸引小朋友们迫不及待地阅读。

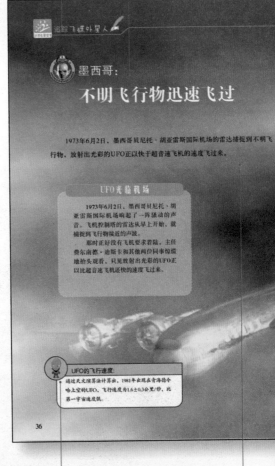

追踪飞碟外星人

墨西哥:

不明飞行物迅速飞过

1973年6月2日,墨西哥贝尼托·胡亚雷斯国际机场的雷达捕捉到不明飞行物,放射出光彩的UFO正以快于超音速飞机的速度飞过来。

UFO光临机场

1973年6月2日,墨西哥贝尼托·胡亚雷斯国际机场响起了一阵骚动的声音。飞机控制塔的雷达从早上开始,就捕捉到飞行物接近的声波。

那时正好没有飞机要求着陆,主任费尔南德·迪斯卡和其他两位同事惊慌地抬头观看,只见放射出光彩的UFO正以比超音速飞机还快的速度飞过来。

UFO的飞行速度:
通过天文演算法计算出,1981年由现在青海缩今哈上空的UFO,飞行速度为1.6±0.3公里/秒,比第一宇宙速度低。

36

这个无所不知的小外星人将告诉你更多关于飞碟、外星人以及地球万物的小知识。

这是对一起目击飞碟外星人事件的概括,可以让你对这一事件有一个大体的了解。

本书关于飞碟外星人的描绘十分精彩，并配有大量精美的图片，形象生动，帮助小朋友更好地认识这些神奇的飞碟外星人。

迅速离去

他们试图与对方对话，但是总得不到应答。有飞机想靠近UFO，但好像被对方察觉了，UFO紧紧贴着附近的拉埃斯特需拉山脉离去，只留下一片蓝色的光芒。

根据迪斯卡先生的说法，那只UFO在一星期之内出现过3次。他们坚信那不是幻觉，因为"当时全场人都看到了。航空公司的飞行员们都认为那是外星人使用的交通工具。

揭秘神秘的宇宙

太阳系

太阳系是以太阳为中心，所有受太阳引力约束的天体的总集合体，包括已知的水星、金星、地球、火星、木星、土星、天王星和海王星等八大行星，160多颗卫星，3颗矮行星以及无数的小行星、彗星、流星和大量的星际尘埃物质。它的直径大约是120亿千米。

37

"好问"姐姐为小朋友们打开了一扇关于神奇宇宙的窗户，小朋友可以和她一起来观看奥妙无穷的宇宙奇观。

·本书特色·

1 全面介绍分析古往今来世界各地所发生的有关外星人、UFO事件，神秘的天文现象以及人类宇航科技知识。

2 本书语言通俗易懂，并辅以精美的图片，向小学生们生动地介绍深奥的科学知识。

3 本书以独特的视角科学地介绍太空中出现的各种奇特的现象及事件，激发小学生深入阅读的兴趣。

4 本书融科学性、知识性与趣味性于一体，可以开阔小学生们的视野，丰富课外阅读生活。

名家荐言寄语

　　"中国小学生爱读本百部经典"活动好在让小学生推荐，让小学生阅读，让小学生成为书的主人。

——著名教育专家、知心姐姐　卢勤

　　让孩子们从第一本开始，读到一百，那人生就可以读到一千、一万。

——北京大学教授、文学评论家　张颐武

　　希望"中国小学生爱读本百部经典"可以让父母、老师、同学共享读书的美好时光，分享读书的浓浓乐趣。

——台湾教育学专家、美国UCLA博士　王宝玲

　　"中国小学生爱读本百部经典"包含了让中国小学生"相伴一生，终身受益"的经典图书。

——香港东方教育研究院院长　陈仲铭

目录

第一章 UFO 光临地球

第二章 人类对地外"朋友"的研究与发现

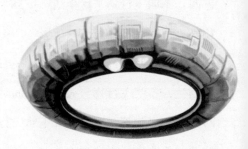

第三章　人类与外星人的亲密接触

第四章 外星人留下的"礼物"

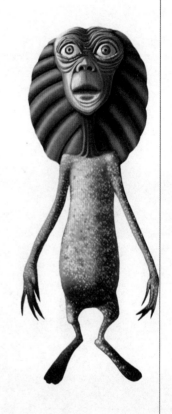

第一章
UFO光临地球

天外来客造访地球

　　地球之外存在着智能生命吗？真的有外星人存在吗？它们来到过地球吗？这些未解之谜一直困扰着人们。近年来，在世界各地，人们纷纷发现了UFO的踪迹，有些科学家认为这些可疑的行迹正是天外来客光临地球时留下的。

UFO和人类一起翱翔

　　1947年6月24日，一个名叫阿诺德的美国商人驾着一架小型飞机在华盛顿州上空飞行，突然他发现一组巨型不明飞行物以每小时1000公里左右的速度，同他一起在空中翱翔。

UFO

人们将外星人所乘坐的交通工具称为"飞碟"，也称为"不明飞行物"，"不明飞行物"一词的英文缩写即"UFO"。

你有没有见过飞碟？

是飞碟还是气象气球

　　与对阿诺德的报道相隔不久，1947年7月上旬的一个清晨，在美国新墨西哥州的罗斯维尔镇，早起的牧场主布拉索尔在自家附近发现地上散落着许多奇异的碎片和一个破碎的庞然大物。人们觉得很奇怪，他们猜测这可能是飞碟的残骸，就这样，"飞碟着陆"的新闻传开了。虽然此后政府更正说，那些碎片实际上只是一个损坏了的气象气球，但各种前后矛盾的解释却使不少人坚信：这是政府在掩饰碎片来自外星的真相。此事确实有，但是否是飞碟一直是个谜。

5万年前的求救呼号

俗话说，雁过留声。如果外星人存在的话，总会在宇宙间留有痕迹的。据法国报界披露，20多年前，苏联和美国两国科学家们曾接收到一种来自外太空的神秘无线电讯号。据分析，这种讯号是5万年前从某个星球发出的求救呼唤。

神秘的讯息

据当时的法国报界披露，一位不愿透露身份的美国天文学家曾声称，已经用电脑成功地将这个无线电讯号最主要的部分翻译了出来，大意是：请指示我们到第四宇宙，我们的星球将要发生爆炸，我们的处境十分危险，我们的位置在12银河系。

这是一个惊人的突破——这个奇异讯息已由两国专家将其转换成人类可读的文字，但他们对此事却一直秘而不宣。

宇宙飞船

宇宙飞船是一种将宇航员、货物等运送到太空中，然后再安全返回地球的航天器。一般来说，宇宙飞船只能一次性使用，从太空返回地球之后就会寿终正寝。每艘飞船大约可以搭载两三名宇航员，在太空中运行的时间少则几天，多则半月。有了宇宙飞船，宇航员们就能短期生活在太空中，并利用这段时间从事各项研究和试验。

讯息来自5万年前

据说当时的天文学家是用简单的数学计算估计到，这应该是一艘古代飞船或是一个星球，似乎正在寻找某些指引，以便帮他们脱离险境。这件事确实令人震惊。经过天文学家们的不懈努力，已经初步计算出那个讯息至少是5万年前发出的。当然，也有可能更久。

月球上的奇特现象

月球一直被人类关注，尤其是登月计划的成功，让人们更加关注月球。我们在夜空中看到的月球有着许多秘密，在月球上发生了许多奇怪的现象，这些现象产生的原因一直是个谜。

你了解中国的"嫦娥"吗？

嫦娥一号：
是中国自主研制并发射的第一个月球探测器。嫦娥一号发射成功使中国成为世界上第三个成功发射月球探测器的国家。

数百年来的怪异现象

月球曾发生过不少无法解释的怪异现象：1671年，科学家们发现在月球上出现了一片像云一样的东西，这片像云的东西到底是什么，人们不得而知；1786年4月，著名的天文学家弗里德里克·威廉·赫歇尔通过望远镜发现月球表面似乎发生了火山爆发，但是科学家认为月球在最近三十亿年来已没有火山活动了，那么这些类似于火山爆发的天文现象是什么引起的呢？对此，科学家也无法解释；1843年，曾绘制数百张月球地图的一位德国天文学家，发现原来月球上一个约有10公里宽的月坑正在逐渐变小，如今，这个坑只剩下一个小点，周围全是白色沉积物。这个坑为什么会在短短一百多年的时间里迅速缩小到现在的大小呢，科学家们也不知道原因。

可疑的行迹

除了上述的怪异现象外，科学家在1882年发现月球表面出现了不明移动物体，科学家们无法断定这些不明移动物体到底是什么。到了1945年，科学家通过望远镜发现：在月球表面出现了三个明亮光点，但是很快，这三个光点就消失了。1954年，美国一家天文台的台长和其助手观察到，月球的月坑里面出现了一道黑线，不久就消失了。这些可疑的行踪到底是怎么产生的，到底是不是外星人留下的，一直到现在都是个谜。

实拍外星人的电视纪录片

　　许多人都习惯把自己心爱的节目录下来慢慢欣赏，但有一名妇女万万没料到，她原本想录的娱乐性电视节目，却变成了一套外太空的电视剧。

意外的收获

　　据录得这盒录影带的格伯太太说，她是无意中收录到这个奇异节目的。当时她要出外购物，便调好录像机，准备把一套电视连续剧在预定的时间录下来。据这位居住在瑞士劳格奴市的36岁妇女回忆，在她回家后，立即将录像带回卷重播，但出现在电视机上的，只是一片雪花和静电，足足持续了两分钟，然后画面一闪，那些怪物便出现了。他们并没有什么动作，只是站在那里，发出"吱吱"的声音。现在，每当格伯太太想起录像带上的怪物，仍然会感到毛骨悚然。

宇宙速度：

指物体从地球出发，在天体的重力场中运动，是四个较有代表性的初始速度的统称。

科学家的鉴定

一个由6位科学家组成的调查小组，在仔细研究了这套长达7分钟的奇异电视剧之后，证实了它不是来自我们这个星球的电视片。

揭秘神秘的宇宙

宇宙

在汉语中，四方上下曰宇，古往今来曰宙，"宇宙"的概念与无限的时间和空间联系在一起，体现了我国古代人民的智慧。在西方，宇宙这个词在英语中叫cosmos, universe, space；在俄语中叫kocMoc；在德语中叫kosmos；在法语中叫cosmos。它们都源自希腊语的κοσμος，古希腊人认为宇宙的创生乃是从浑沌中产生出秩序来，κοσμος其原意即为秩序。

现在，人们普遍认为，宇宙是万物的总称，是由空间、时间、物质和能量所构成的统一体，它不依赖于人的意志而客观存在，并处于不断运动和发展中。

不明飞行物光临成都

摘自《天府早报》2007年11月9日

　　世界各地都有过发现不明飞行物的记录，一不明飞行物就曾光临我国成都的肖家河附近。这一飞行物呈草帽状碟形，还有光圈围绕。当地好多居民都曾目睹这一不明飞行物。

居民刘光汉的描述

　　成都居民刘光汉说，2007年11月7日晚11点20分左右，他看见天空中有一个草帽状碟形飞行物。他立即跑到阳台上仔细观看，这个飞行物直径约20厘米，周围有一圈泛白的光圈，缓缓地向东南方向移动，一上一下漂浮不定。他驻足观察约8分钟后确定，那个飞行物绝对不是飞机。

 中国古代关于外星人的记载：
早在7000多年前的贺兰山岩画中就有关于不明飞行物的记录。之后的《搜神记》《拾遗记》以及《宋史·五行记》中都有相关记载。

王萍夫妇的描述

　　家住新鸿路的王萍夫妇也称曾看到过类似的现象。2007年11月7日晚上，他俩去肖家河小区的朋友家玩，晚上11点15分，王萍突然看见天空中有一个像篮球一样大的物体在飞行，被一圈微带红色的东西包围着。她连忙叫丈夫看，丈夫认为是飞机飞行后留下的痕迹，但当他们仔细观察后，认为绝不是飞机，也不是飞机飞行留下的痕迹。

文字摘自《中国飞碟控索网》

揭秘神秘的宇宙

行星的光环

　　一般情况下，行星的光环由冷冻气体和尘埃共同构成，其色彩由构成行星光环的物质微粒的大小决定。构成行星光环的微粒体积不同，对白色太阳光的散射程度就有差异，体积较大的微粒对太阳光的散射接近色谱红色区域，而体积较小的微粒则靠近色谱蓝色区域。左图即为土星及其光环。

不明飞行物造访湖南、四川

湖南常德也曾发现过不明飞行物。飞行物是椭圆形的物体，光如满月拖带着长尾巴，持续约3分钟。四川成都市好多市民都遭遇到天上的强光，但是都不曾看到发光体是什么样子。

常德发现的不明飞行物

1979年9月9日晚9时40分，当时，湖南省常德县樟木桥的湖南柴油机厂内正在放映露天电影。突然，观众哗然，纷纷抬头仰望天空。只见西方约1 500米的空中，有一个椭圆形的物体，发出比满月更亮的强烈红黄光芒，拖着一条光尾，像是喷射出来的气体，无声地平行于地面，由北向西南飞去，约3分钟后消失。

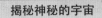

揭秘神秘的宇宙

"扫把星"

彗星是星际间物质，属于太阳系小天体，因为人们观测它时，经常能看到长长的明亮稀疏的彗尾，故俗称"扫把星"。彗星物质主要由水、氨、甲烷、氰、氮、二氧化碳等组成，而彗核则由凝结成冰的水、二氧化碳(干冰)、氨和尘埃微粒混杂组成，是个"脏雪球"。彗星没有固定的体积，在远离太阳时，体积很小；接近太阳时，彗发变得越来越大，彗尾变长（彗尾最长竟可达2亿多千米），体积变得十分巨大。彗星的质量非常小，绝大部分集中在彗核部分。

成都市民遭遇强光

1980年6月29日凌晨1点多，诗人流沙河正在四川省成都市文联的宿舍中伏案写作。突然电灯熄灭，室内一片漆黑，他不得不脱衣就寝。就在这时，他忽然发现室外有强光透过已闭的窗户射入，持续约2～3秒。几分钟后，窗户又再次被照亮，持续不到1秒。而且他还注意到，空中有一种像是巨大的变压器发出的"嗡嗡"声。住在成都市东城区的许多人也都看到了天上的强光，遗憾的是，没有人看到发光体是什么。

火星人：

火星人（M artian）是人们假想的火星上的智慧生物，在为数不少的科幻作品中皆有登场。但到目前为止的调查，尚未发现支持火星人存在的证据。

巴基斯坦（一）：
不明飞行物呈三角形

　　1996年3月26日晚，一位在巴基斯坦执行任务的中国人张建新看到了一个三角形不明飞行物，在头顶匀速直线飞过，而且发出的光比当晚天空中最亮的星星还要亮。他惊叫着连说话的音调都变了。

三角飞碟

　　1995年7月至1996年4月，去巴基斯坦执行一项任务的胡学平和他的朋友焦晓民住在巴基斯坦首都伊斯兰堡。1996年3月26日晚，他们两个与住在附近的留学生张建新一起在他们住处的阳台上观察百武彗星。晚8时许，张建新首先看到了不明飞行物，立刻惊叫："飞碟！飞碟！"说话的音调都变了，脸上布满恐惧的表情。当时他们看到三角形不明飞行物正在头顶匀速直线飞过。

二十余个发光点

　　据他们后来描述，这个三角形不明飞行物的周边，由二十余个间隔排列的比当晚天空中最亮的星星还要亮的发光点组成，持续时间只有几分钟。

　　事后，他们凭着对UFO的了解，专业分析了这种现象，并得出结论：他们所看到的物体就像UFO这个词的含义那样，的确是个不明飞行物。

地外文明真的存在吗？

地外文明：

指宇宙中除地球上的文明以外的文明，常与外星生物相联系。有人猜测地外文明可能比地球上的文明发达。

巴基斯坦（二）：
不明飞行物现身偏远山村

2000年8月16日星期三，在巴基斯坦某个偏远的山村，数以千计的村民声称，星期二晚上看见数个神秘物体掠过夜空。来自阿富汗的报道也声称，有人在南部坎大哈城市上空也发现这些不明物体。但星期二的飞行体来自阿富汗方向，向俾路支省东北部山区方向飞去，有些居民说听见爆炸声。

飞行物入侵巴基斯坦

2000年8月16日星期三，在巴基斯坦某个偏远的山村，数以千计的村民声称星期二晚上看见数个神秘物体掠过夜空。目击者和官员说，事件发生于俾路支省西部6个地区，包括省会奎达，数个不明物体飞过夜空，尾部还拖着火舌。

可能来自阿富汗

　　据目击者回忆，星期二晚的飞行物体来自阿富汗方向，向俾路支省东北部山区方向飞去，还有些居民说听见爆炸声。而来自阿富汗的报道声称，有人在南部坎大哈城市上空也发现了这些不明物体。

　　当年，军方曾着手调查此事。在那个时段，没有军机或商业性飞机在该地区上空活动，空军雷达系统也没有报告异常情况。

巴基斯坦：

位于南亚。在乌尔都语中，"巴基斯坦"这个词源自波斯语，意思为"圣洁的土地"或"清真之国"。

美国（一）
不明飞行物横于路当中

1973年11月2日早晨，玲蒂阿·莫莱尔夫人下夜班归来，在路上发现巨大的球形物体。飞行物呈橘色和金色，整个形状如同蜜蜂的巢，每个平面呈六角形，从中央地带处不时地闪烁着红色、绿色和蓝色的星点似的光亮。

路遇球型飞行物

1973年11月2日早晨，天色尚未全亮。美国新罕布什尔州的曼彻斯特市外的114公路上，玲蒂阿·莫莱尔夫人下夜班归来，开车到了一个十字路口时突然感觉不对，她发现距前面500米的路当中停着一个巨大的球形物体。

奇异的长相

　　那个物体是橘色和金色的，整个形状如同蜜蜂的巢，每个平面呈六角形，从中央地带处不时地闪烁着红色、绿色和蓝色的星点似的光亮。她不自控地将车开向不明物体，并看见隐隐约约的人影——头是圆的，身体完全是灰色的，看不见鼻子和耳朵，嘴巴呈中国书法中的"捺"形——他们睁大了两只眼睛死死地盯着她。夫人凭着本能，逃离了现场。

　　等到救援人员到场，只见天空远处有一个移动的物体正一亮一暗地渐渐远去。

新罕布什尔州：

其名称来自1629年，因一位船长是英国罕布什尔人，因此命名本区为新罕布什尔。

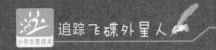

美国（二）：
不明飞行物像车轮

　　1973年2月11日夜晚，记者卡尔·惠特里发现了像车轮一样的环状飞碟。同卡尔在一起的还有渔夫麦克·派卡，他们两人用望远镜观察了45分钟。他们发现，车轮形的飞碟倾斜得很厉害，放出耀眼的光芒，然后慢慢地朝西面飞去。

车轮状的飞碟

　　1973年2月11日夜晚，当地报纸《晚间音乐回声》的记者卡尔·惠特里先生所看到的飞碟的形状是环状的，车轮一般的模样，窗户和星点模样的东西都围在那上面。

UFO 的飞行姿态:

最常见的一种, 是纹丝不动地悬停在空中, 而且丝毫见不到能确保这一凌空悬停的任何机械作用的表现形式。

UFO 的 母 舰 还 是 UFO 基 地

当天晚上是个满月之夜, 不可能把云彩、飞机和气球误认为飞碟, 而且它的高度能让人把它的轮廓看得很清楚, 不可能搞错。人们把它推断为: 那可能是一个UFO的母舰或者是UFO基地。

美国（三）：
不明飞行物为人类留下证据

对研究飞碟有帮助的相片和物证终于被发现了。1973年12月13日，美国佛罗里达州有人获得了两个证据。

匆忙中的遗落

1973年12月13日晚上9点多，派特利克·斯拉休去访问朋友。当车子开到了勃拉顿河畔时，在车灯的照耀下，他看见在距河面上空7米的地方停留着一个直径8米的奇怪物体。他用照相机拍了几张照片，飞碟发现后急忙把棒状物从河里收回来，同时发出金属的奇怪声响，伴着蓝色的光芒向他飞过来，接近他。

他连忙逃走，飞碟经过他的车子时，天空"噼里啪啦"地掉下许多小东西，大多掉进了河岸边的水中。飞碟变了颜色，发射出红色和橘红色的光芒，很费劲似地加快速度飞走了。斯拉休发现有东西掉到车顶上，在手电筒的光亮下，找到了三个金属似的小东西。

佛罗里达州：

是美国本土最南部的一个州。包括佛罗里达半岛，西北部濒墨西哥湾狭长地带，南部近海有珊瑚岛礁。别称"阳光州"。

物质被鉴定

同时，在别的地方，也有不少人目击了向附近飞去的UFO。那三个奇怪的小东西被送往科学家那里，南加州的地质学家拉里·道依尔博士经过仔细研究后称，该物质经过了超高温处理。

美国（四）：
不明飞行物影响报警器

1973年12月6日，安·赛玛夫人被一阵连续不断的尖锐响声惊醒，那声响发自地下室里冰箱的报警装置。毫无缘由，温度怎么会突然超标呢？

温度突然反常

1973年12月6日，在加利福尼亚州圣达拉斯海岸附近，安·赛玛夫人和她的两个儿子（分别为25岁和14岁）被一阵连续不断的响声惊醒，那声响发自地下室内冰箱的报警装置（它是用来报告温度的，温度反常时才发出警报）。

安·赛玛夫人朝窗外看了一下，只见天空晴朗无云。但她忽然注意到天空的西面有一个奇怪的物体慢慢地在移动，椭圆形的飞行物，上半边是红色的，下半边是绿色的，交接的地方发出白色的光芒。

UFO搞的鬼

　　用望远镜一看，发现飞行物上边和下边都并行排列着不少发亮的光点。令人吃惊的是，它闪烁的间歇同冰箱警报器的响声完全一致。夫人慌忙报警，盖利·德尔斯福和勃莱亚·福斯特两位保安赶到现场，一起目击到UFO和冰箱报警器怪鸣的现象。"美国飞碟研究学会"对此非常重视，他们把冰箱上的报警器拿去研究，对它的构造进行探索，尝试着把它改造成飞碟探知器。

总统也见过UFO：

美国前总统卡特在演讲时也曾看到过UFO。据他描述，当时这个奇怪的飞行物还会改变颜色。

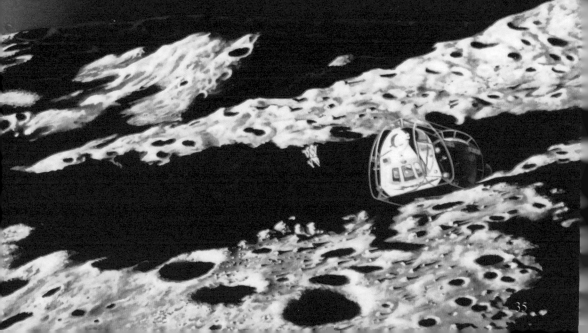

墨西哥:

不明飞行物迅速飞过

1973年6月2日，墨西哥贝尼托·胡亚雷斯国际机场的雷达捕捉到不明飞行物，放射出光彩的UFO正以快于超音速飞机的速度飞过来。

UFO光临机场

1973年6月2日，墨西哥贝尼托·胡亚雷斯国际机场响起了一阵骚动的声音。飞机控制塔的雷达从早上开始，就捕捉到飞行物按近的声波。

那时正好没有飞机要求着陆，主任费尔南德·迪斯卡和其他两位同事惊慌地抬头观看，只见放射出光彩的UFO正以比超音速飞机还快的速度飞过来。

UFO的飞行速度:

通过天文演算法计算出，1981年出现在青海德令哈上空的UFO，飞行速度为1.6±0.3公里/秒，比第一宇宙速度低。

36

迅速离去

他们试图与对方对话，但是总得不到应答。有飞机想靠近UFO，但好像被对方察觉了。UFO紧紧贴着附近的拉埃斯特雷拉山脉离去，只留下一片蓝色的光芒。

根据迪斯卡先生的说法，那只UFO在一星期之内出现过3次。他们确信那不是幻觉，因为当时全场人都看到了。航空公司的飞行员们都认为那是外星人使用的交通工具。

揭秘神秘的宇宙

太阳系

太阳系是以太阳为中心，所有受太阳引力约束的天体的总集合体，包括已知的水星、金星、地球、火星、木星、土星、天王星和海王星等八大行星，160多颗卫星，3颗矮行星以及无数的小行星、彗星、流星和大量的星际尘埃物质。它的直径大约是120亿千米。

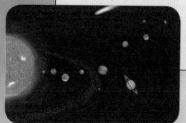

巴西：
不明飞行物干扰生活

1973年6月7日夜晚，在巴西某地一所中学的上空，一个通红的UFO飞驰而过，各个教室的灯光全部熄灭。这一事件引起了巨大的骚动。因为UFO在哪里出现，哪个地方就停电。

奇怪的停电

1973年6月7日夜晚，在巴西的某所公立中学的上空，一个通红的UFO飞驰而过。一瞬间，各个教室的灯光全部熄灭，一时间全校都停了电，引起了巨大的骚动。附近居民都目击了此景，其中16岁的夜读生，少年吉鲁玛·巴里翰的经历最为可怕。

UFO 对人身体的影响:

关于UFO经过时是否会对人身体产生影响还没有确切的证据，但是大多数人会觉得头晕、皮肤刺痛，据说这与UFO强大的辐射有关。

伤害人体

根据巴里翰的说法，这个奇怪的物体从半年前就开始活跃了。特别是最近25天里，他的车子还被拖走过。之后，他又带两个妹妹到UFO经常出现的地方，但是奇怪的是，只有他感到皮肤表面有刺痛，而且头脑发涨，疼痛不已。

记忆犹新

事后，那个UFO还多次在同一条街上出现过。一旦出现，就造成停电。市民大多都有目击的经历，而巴里翰的背心上至今还留着红色和蓝色的斑点。

一旦飞行体接近，电磁场就发生混乱，磁力机狂转，电钟停下来——这种情况广为人知。

秘鲁：
不明飞行物留下"倩影"

关于UFO的相片迄今为止已经发表了不知多少，可都是模模糊糊的，只能看到一点点的光亮而已。但在秘鲁的利马市，贝格先生事先有准备拍摄的相片却比较清晰。

机缘巧合的拍摄

1973年10月19日，在南美秘鲁的利马，距离市区东面34公里的地方，在利马克河流附近的山谷中，有人拍摄到正在那里飞行的飞碟。拍摄者住在利马市，是个建筑设计师，名叫箫高·路约·贝格。当时，贝格先生被人请去拍照，正在寻找客户的住所。突然发现了飞碟，于是他立即用一次性成像的照相机拍摄了下来。

难得清晰的照片

　　关于飞碟的相片迄今为止已经发表了不知多少，可都是模模糊糊的，只能看到一点点的光亮而已。当然，在轮廓方面，能够把圆顶和窗户拍摄清楚的都很罕见。贝格的相片比较清晰，可是仍然有不少人在怀疑那是不是真的飞碟。

秘鲁：

位于南美洲西部的沿海国家，在古印第安语中，秘鲁意为"玉米之仓"，因此地盛产玉米而得名。

加拿大: 不明飞行物数度出现

加拿大安大略州的周围，从1973年12月开始，人们就不断地发现奇怪的飞行体，数量很多，集中在湖边出现。终于在1974年5月，有人忍不住向国防部提出申请，要求调查此事。

眼花缭乱的UFO

根据卢纳姆夫妇的反映，UFO几乎每天出现，三角形和圆形的都有，发光的颜色也很多，有红色的、蓝色的、绿色的和白色的，真所谓形形色色、不一而足。还有9根天线插在上面，灯光一亮一暗，好像在与某地进行通信联系。

令人费解的UFO

特别是3月份发生的事情，那简直是件怪事。湖边出现的UFO接近了居民的住宅，它向住房的窗户射出一道光线，把窗户上的冰霜融化开来，窗户的木框是木头做成的，被加热以后，房间里的人甚至可以闻到木头被烤焦的气味。令人不明白UFO此举目的何在。

各国对UFO的研究：
全世界许多国家展开对UFO的研究，关于UFO的专著约三百五十余种。中国也建立了民间学术研究团体——中国UFO研究会。

国家介入此事

那一带目击飞碟的人很多，还有不少飞行员和记者发现，在3月的雪地上有三角形飞行物留下的痕迹。当地居民被UFO搞得心神不宁，卢纳姆先生为此向政府发出呼吁，请求调查此事。

新西兰:
不明飞行物与火山爆发同时出现

南半球的新西兰，从1973年底到1974年左右，人们目击UFO的事件频频发生。这些事件几乎都是与火山爆发同时发生的。人们不禁提出这样的疑问：飞碟与火山爆发是不是有连带关系呢？

与火共舞的UFO

20世纪70年代，太平洋上一座火山爆发，并连续不断地喷发。1973年10月17日，附近的居民开始看到"飞碟母舰"。到11月，火山还在喷发，飞碟每天出现。到了12月，情况也是一样，火与飞碟齐飞。到1974年的1月，火势开始减弱，飞碟也减少出现。到月底，火势旺盛，飞碟又出现很多次。

揭秘神秘的宇宙

太阳活动

太阳看似平静，其实时刻都在剧烈活动。太阳大气层中的一切活动现象都称为太阳活动，包括太阳黑子、耀斑、光斑、日冕喷发、日珥、谱斑等。这些现象活动的平均周期约为11年。

太阳活动对地球上的地震、火山爆发、水灾、旱灾、交通事故都会产生一定的影响，有时甚至还会影响到人类的身心健康。为了预防太阳活动对地球和人类的危害，所以有了太阳活动预报这门科学。太阳活动每日预报由国家天文台负责。

干扰引力

在2月份的时候,有车子从下坡路行驶而来,后面有橘色的看不见圆顶的东西追赶。汽车被引力所吸引,不管怎样加快速度,时速总超不过7公里。直到飞碟飞走后,车速才恢复正常。

警官的汇报

进入3月份,事件仍在发展。在11日那天,有人发现了奇怪的物体。这个怪物有像降落伞那样的圆形顶部,上半部分是银色,下半部分是红色,在侧面看过去还会发射出蓝光。他们用望远镜确认后,向本部汇报了当时的情况。

 神秘发光体与地震的关系:

据调查统计,每当天空中发现不明飞行物或者发光体时,过一段时间就会发生地震,有人说这是外星人给地球人的警告。

阿联酋和保加利亚境内发现不明飞行物

2000年12月11日晚，保加利亚的大特尔诺沃市上空，出现了两个不明飞行物（UFO）。数百名居民证实，他们当晚看见城市上空有两个"飞碟"式的圆形飞行物，向四周发出绿色光芒。

不明飞行物突现哈塔

2000年6月5日晚间，在阿联酋发现不明飞行物（飞碟），时间持续5分钟。

阿联酋一位官员在哈塔地区，突然发现天空一个闪光物体从西向东移动，当时该物体发出的光极其刺眼，飞行高度距地面最少有1.5公里。开始时，物体呈圆形白色，随后颜色渐淡，形状变成两个相对的弓形，形似人的眼睛，两弓形之间呈绿色。随后飞行物体逐渐向西移动，消失在西边天际。

见《人民日报》2000年6月6日

保加利亚：
是欧洲东南部巴尔干半岛上的一个国家。它与罗马尼亚、塞尔维亚、马其顿、希腊和土耳其接壤，东部濒临黑海。

不明飞行物绽放绿色光芒

  2000年12月11日晚，保加利亚中部城市大特尔诺沃上空出现了两个不明飞行物（UFO）。这一现象使当地居民惊讶不已。数百名居民证实，他们当晚看见城市上空有两个"飞碟"式的圆形飞行物，向四周发出绿色光芒。目击者们还发现，不明飞行物出现时，街区的许多狗开始狂吠。一家当地电视台播出的录像显示，不明飞行物在城市上空足足逗留了8分钟才离去。

揭秘神秘的宇宙

宇宙产生自一次大爆炸

  宇宙有多大？存在的时间有多长？这些都是有关宇宙的一些最基本的问题。为此，人们提出了许多假说，其中，"大爆炸理论"是现在的主流观点。大爆炸理论认为：宇宙起源于137亿年前的一次特大爆炸。宇宙从一个体积很小、质量很大、温度很高的点，急速膨胀到很广阔的空间里，而且直到现在，宇宙仍在进一步的扩大中，也就是说大爆炸还没有完全结束。这个观点解释了宇宙中普遍存在的一些现象，也阐述了宇宙的过去、现在以及将来。但这个观点同样也存在着一些明显的缺陷。

非洲:
不明飞行物像支雪茄

　　1954年8月的一天下午，一个透镜状飞行物和一支巨大的金属雪茄飞过天空。成千上万的目击者都看到，金属雪茄的尾部喷射着一种橙红色的火花。据人们估计，那雪茄有四五十米长，其移动速度约为每小时三四百公里。它们到底是什么？是不是外星人的飞碟呢？这仍然是个未解之谜。

不明飞行物飞过天空

1954年8月的一天，下午5点45分，一位名叫埃德蒙·康帕尼亚克的综合理工学院毕业生走出办公室，在法国航空公司办事处，等待当天末班班机送来的信件。忽然，一个行人指着天空，让大家看一个巨大的发绿光的火球：它正在垂直向下坠落，像一颗巨大的陨石。几分钟后，埃德蒙·康帕尼亚克等人又发现高空出现了一道光，同样呈电火花似的绿色光。这道光不再向地面陨落，而是与地面平行地移动着。它越过塔那那利佛市郊的山峦，进入了市区上空。当它飞近王宫时，康帕尼亚克发现那个物体已降低了速度。

揭秘神秘的宇宙

极光

在地球南北两极附近地区的高空，夜间常会出现灿烂美丽的光芒，五颜六色，忽暗忽明，变幻莫测，这种壮丽动人的景象就叫做极光。人们看到的极光，主要是带电粒子流中的电子造成的，其颜色和强度也取决于沉降粒子的能量和数量。地球磁场形如漏斗，尖端对着地球的南北两个磁极，因此，太阳发出的带电粒子沿着地磁场沉降，进入地球的两极地区，两极的高层大气受到太阳风的袭击后会发出光芒，就形成了光彩夺目的极光。

巨大的金属雪茄飞过

起初，法国航空公司办事处的人看到的是一个巨大的发光球体，它慢慢地降到屋顶上方，然后沿解放大道飞行。当它飞到康帕尼亚克的头顶时，马路上的人才看清，原来它是一个透镜状飞行物，始终发着电火花般的绿光。令人吃惊的是，在透镜后面30米远的地方，紧跟着一支巨大的金属雪茄，后者在夕阳下反射出耀眼的光芒。康帕尼亚克事后证实说："在场的人都看到，那雪茄表面像是金属的，它反射着西落的阳光。"

成千上万目击者都看到，金属雪茄的尾部喷射着一种橙红色的火花。据人们估计，那雪茄有四五十米长，其移动速度约为每小时三四百公里。

金属雪茄的离开

　　当时，所有人都对眼前的现象困惑不解。解放大道上的行人都看到，当来历不明的雪茄形飞行物飞过商店、旅馆、住宅的上空时，那里的电灯就会自动熄灭。当它飞过后，室内的电灯又会自动地重放光明。

　　金属雪茄静静地飞过了城市上空，向郊外的机场飞去，然后拐了个弯，径直向西飞去。当它飞经一个奶牛饲养场时，平时习惯于飞机轰鸣的一百多头奶牛惊恐万状，纷纷挣脱缰绳，逃向田野。

澳大利亚：
渔民发现圆盖形不明飞行物

澳大利亚渔民在新南威尔士州北岸海面，看到圆盖形不明飞行物，距地面约100英里到150英里，且该飞行体有明亮的橙色外表，似乎不断在接近他们的船只。

不明飞行物光临南部海面

1999年11月，7名澳洲专业渔民称，他们有录影带，可显示在新南威尔士北岸海面看到可能是不明飞行物（UFO）的东西。

33岁的贝尔和他的6名同行宣称，他们看到的圆盖形的陌生物体，在空中离地面约100英里到150英里，且该物体有明亮的橙色外表，似乎不断在接近他们的船只。

厦门出现海上不明飞行物：
2008年厦门 "海上生明月" 景点周围升起一个耀眼的圆形光环，其上方还出现了一个黑色的不明飞行物，整个过程大约持续了5分钟。

不明飞行物坠入水库

1999年12月，一个神秘飞行物在澳洲一个乡村的水库着陆，留下一个大洞，该物体则沉到泥下。相关人员在水库周围进行了空气测试，没有发现辐射物质。

警方在水库周围圈出2公里范围作为禁区。警方发现，神秘物体着陆后，造成15公尺长和6公尺宽的洞。这物体显然是以45度角坠入水库，在水面滑行一阵后才沉没的。

此外，据附近居民反映，近几日都没有看见坠落星体的光、巨响或地面震动。

揭秘神秘的宇宙

银河系

人们很早就已经知道银河系了，但是要想具体地说清楚它，可就没那么容易了。直到1610年，意大利科学家伽利略改进了望远镜，并用它来观察星空，才发现银河系是由无数恒星组成的。1779年，英国天文学家赫歇尔用自己制作的望远镜观测星空，并据此绘出了世界上第一幅银河系结构图，从此人类有了银河系的感念。

现在，人们对银河系的认知已经比较全面了。银河系是一个巨大的恒星系统，它里面的恒星超过了2 000亿颗。此外，银河系中还有大量星团、星云以及各种星际气体和星际尘埃，总质量大约是太阳质量的1 400亿倍。

阿根廷（一）：
不明飞行物落入湖中

　　1995年2月19日，阿根廷卡尔湖北岸25个孩子在野外玩耍，午夜的时候他们发现一个发光物向他们移近，然后钻入湖水中。湖水平静后，那个发光物又突然垂直升出水面，发出"噼噼"的声音。它跳跃着升向半空，同时向孩子们移来。那到底是个什么怪物呢？

会叫的发光体

　　那是发生在1995年2月19日的事件。阿根廷卡尔湖北岸的一个野营地里，25名9到12岁的孩子在愉快地野营。午夜一点钟的时候，站夜岗的米雷特发现一个发光物，他立即告诉另三名站岗的同伴。随后，他们发现这个通体发亮的物体向他们移近，然后钻入湖水中，发出嘶啦的声响。等湖水平静后，那个发光物又突然垂直升出水面，发出"噼噼"的声音。它跳跃着升向半空，同时向孩子们移来。

急速变化的发光体

在发亮物体逐渐靠近时，他们看清它是圆形的，直径约6米，上部发着银光，下部呈淡红色，光线均匀，没有闪烁。几秒钟后，它加快速度，飞过营房，消失在一片树林后面。过了一会儿，它又以每小时300公里的速度返了回来。这一次它变得十分炽烈，通体像烧红的火球，后边还拖着一条火尾，火尾渐渐变成一颗颗火星，然后成烟雾状，慢慢地消失了。

殃及池鱼

后来在湖中发现了很多死鱼。对死鱼进行解剖研究的结果表明，鱼鳔的破裂是大批鱼死亡的原因。生物学家们指出："某个强大的冲击波是导致鱼鳔破裂的原因。"但是，除了死鱼外，没有发现任何放射性物质。化验的结果表明，一切正常。

黄道带：

天球上黄道两边各8度（共宽16度）的一条带。日、月和主要行星的运行路径都处在黄道带内。古人为了表示太阳在黄道上的位置。把黄道分为十二段，叫"黄道十二宫"。从春分起依次为白羊、金牛、双子、巨蟹、狮子、处女、天秤、天蝎、人马、摩羯、水瓶和双鱼。过去的黄道十二宫和黄道十二星座一致。由于春分点向西移动，两千年前在白羊座中的春分点已移至双鱼座，命名与星座已不吻合。

阿根廷（二）：

不明飞行物
停留于9000米高空

阿根廷军方于1973年11月2日发现9 000米高空停留着不明飞行物，他们用高倍望远镜观察，发现是一个银白色的圆体，上面的部分是一排的黑点，给人的感觉好像是窗户。

飞行物静悬天际

1972年全世界掀起了UFO热，其中军事渠道也提供了不少消息。有一条消息来自阿根廷军方，1973年11月2日11时50分，某海军航空基地控制塔，值班人员埃克道尔·贝尼特斯先生（36岁）和他的六位同事，一起发现万里无云的天空中有奇怪的飞行物。

雷达：

雷达是利用微波波段电磁波探测目标的电子设备。它的优点是白天黑夜均能探测远距离的目标，且不受雾、云和雨的阻挡，具有全天候、全天时的特点，并有一定的穿透能力。

"一定是飞碟"

他们用高倍望远镜观察，确认是一个银色的圆体，上面周围是一排的黑点，让人感觉好像是窗户。在那足足停留了15分钟，然后以奇快的速度朝东南方向离去。

令人感到遗憾的是，当时雷达未开，重新打开需要15分钟的启动时间，所以没有探察的记录。可七个目击者一致认定，那个银色的圆体一定是飞碟。

揭秘神秘的宇宙 ？

太阳的结构及生命

太阳的结构分成内部结构和大气结构两大部分。内部结构又分成日核、辐射层、对流层三部分，而大气结构又分为光球层、色球层和日冕三层。

以恒星的生命周期来说，太阳总有一天会死亡。不过，现在的太阳正处于它的中年期，它巨大的氢储量还能再燃烧50亿年。50亿年以后，它将变成一颗比现在亮1 000倍、大500倍的红巨星。随后，太阳会演变为一颗白矮星。再过几十亿年，太阳会逐渐冷却，变成一颗黑矮星，直至结束生命。

第二章
人类对地外"朋友"的
研究与发现

文艺复兴时期就有外星人光临地球的记录

正如我们对外星人有着无比的好奇一样，外星人对我们的关注想必也从未停止过。文艺复兴时意大利的好多画作中就留下了这样的记录，到底是怎么一回事呢？

画作中的飞碟

据《泰晤士报》报道，一名意大利考古学家曾宣称，他通过对一系列意大利文艺复兴时期绘画作品的研究，惊奇地发现，在一些艺术大师作品画面的天空，存在着一些圆盘状不明物体。他认为这是古代大师给后人留下的一个记录。也就是说：早在15世纪，人们就已经见识过不明飞行物了。

对外星人的好奇古已有之

　　现年56岁的西格那·沃尔特里是罗马的一名专业考古学家，他擅长于古代金属物体的分析与鉴定，也是一名UFO现象的热衷者和研究者。他觉得，现代科学家们常常将一些无法解释的现象归结于人类幻想，譬如外星人。但他认为科学工作正是要解答一切神秘问题，而不是将它排斥在外。沃尔特里称，通过对一些文艺复兴时期绘画作品的研究，他认为外星人现象早在几百年前就已存在，人类的老祖宗早就怀疑在地球之外是否还存在着其他生命。

转自《江南时报》2002年12月14日

文艺复兴：

文艺复兴是指14世纪在意大利各城市兴起，于15世纪在欧洲盛行的一场思想文化运动。带来一段科学与艺术革命，揭开了现代欧洲历史的序幕，被认为是中古时代和近代的分界。

与外星人聊天：
科学家正在探讨星际语言

　　来自世界各地的科学家、天文学家、画家、音乐家挤在温暖的客厅里交换如何与E.T.（外星生命）聊天的点子。如果这些天外来客到访，我们应该跟它们聊什么？

科幻讨论会

　　这是一个有着精英分子沙龙格调的科幻讨论会，沙龙的主人Douglas Vakoch的正式身份是美国SETI（搜寻外星智慧）协会星际信息小组负责人。他说："我们在这里的目的不是要试图寻找最佳的信息或者最聪明的信息。"

　　他认为人类应该发出成千上万尽可能多形式的信息，希望其中一种能被E.T.们所理解。他始终相信，总有一天，人类能克服跟外星世界交流的障碍。

科学家的忧虑

　　Vakoch 认为，现在即使人类能收到发自外星人的信息，但其思维方式是如此外星化，以至于人们也根本无法辨识这究竟是不是一直寻找的信息。

　　目前人类只能用现有的工具搜寻外星生命信号。但正如Vakoch所说，"我们充满了希望"。

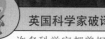 **英国科学家破译外星人的语言：**

许多科学家都曾担忧与外星人的沟通存在问题。但英国科学家日前表示，他们已经开发出一套能够解密外星人语言结构的计算机程序，该程序将能够理解并翻译外星人所要表达的意思。

转自2002年3月29日南方网-南方都市报

人类与外星生命沟通很难

地球上各种文明的对话已经很艰难，何况浩渺遥远的星际之间呢。一位澳大利亚科学家曾声称：对于外星生物来说，人类还太原始，犯不着去想办法沟通。虽然说法消极，但这是一种值得引发思考的声音。

外星人大概要比我们早进化20亿年

新南威尔士大学天文学家莱恩威弗经过计算，得出这样的结果：围绕恒星运行的与地球类似的其他行星，平均寿命比地球长18亿年。从银河系的演化进程这个宏观角度来看，人类与细菌其实在一个进化阶段上。莱恩威弗说："宇宙中大多数的生命形式都比我们多进化了20亿年。如果从这个时间跨度透视过去，20亿年前，我们的祖先还只是显微镜下的单细胞生物阿米巴虫。"

沟通存在问题

　　在发展这一理论时，莱恩威弗对行星的形成和毁灭及其他一些事实进行了考察，最后得出结论：高级智能的外星生命还不大会很费事地考虑到与人类沟通的问题。他认为，对于地外生命来说，不和人类进行沟通，就像人类不会对用细菌、树木和海豚的语言和它们沟通感兴趣一样。

外星人一定比人类先进吗：

往往人们想象中的外星人一定是拥有先进的科技，可以造飞碟的。但是，据科学家推算，在一些比较原始的星球上同样存在着智力低等的外星人群族，他们甚至没有语言能力。

外星人与飞碟来自何方

其实"外星人"的称呼是不太合适的，"外星人" 究竟来自何处呢？是与地球相似的行星，还是地球上我们无人知晓无人到达的地方，比如地底？还是我们自己在不一样的时空里来回穿梭？抑或来自我们观测不到的高次元空间？

来自外星球

这个说法比较能被大家广泛接受，宇宙亿万个星体中，很难证明只有地球是有生物的地方。

来自未来

　　飞碟不是飞越空间而来的，而是跨越时间而来的，它是未来地球人的交通工具。

揭秘神秘的宇宙

月亮是外星人的宇宙飞船？

　　有人说月亮上有外星人活动留下的痕迹，有人则干脆说月亮是外星人的宇宙飞船，中国关于嫦娥奔月、玉兔、广寒宫的传说流传甚广，那么真实的月亮究竟是什么样的呢？

　　从地球上看到的月球表面有明亮的区域和暗灰色部分，其实，它既不是月桂树，也不是广寒宫，明亮的部分是月球表面的山区和高地，暗灰色部分是月球表面的平原。月面上到处是裸露的岩石和环形山的侧影，整个月面覆盖着一层碎石粒和浮土。月球基本上没有水，也就没有地球上的风化、氧化和水的腐蚀过程，也没有声音的传播，到处是一片寂静的世界。月球上几乎没有大气，因而月球上的昼夜温差很大。

来自地底文明

　　1906年，美国科普作家首先提出了地球中空的设想。1957年，巴西人休基宁正式提出飞碟来自地心的理论，认为地球内部住有文明程度比我们高的"人类"。

揭秘神秘的宇宙

全球定位系统（GPS）

　　GPS导航系统的基本原理是测量出已知位置的卫星到用户接收机之间的距离，然后综合多颗卫星的数据就可知道接收机的具体位置。由于GPS技术具有全天候、全球性、高精度和自动测量等特点，作为先进的测量手段和新的生产力，该项技术已经融入了国民经济建设、国防建设和社会发展的各个应用领域，是国际上应用最广泛的一种定位技术。

超时空现象：

通常，地球上的一切事物，都在按照同一时间规律运动、变化和发展着。但是，在某些特殊区域，却出现了例外。事物所经历的时间间隔不相等，这就是自然界中最为神秘的超时空现象。

来自高次元时空

　　近代有些学者提出宇宙的时间架构是9次元空间和1次元时间，合称10次元时空。

　　在宇宙中可以观测得到的星球质量不到10%，其余有90%以上的质量是无法用各种电磁波观测的黑暗物质，容纳这些黑暗物质的空间，可能就是超越3次元的高次元空间。而外星人可能住在距太阳系很接近的高次元星球上，经常驾驶飞碟穿入我们的空间到达地球，偶而被人类发现。

美国海军少将的发现：
地心存在飞碟基地

"地心有飞碟基地"，这听起来简直是天方夜谭。然而曾是美国海军少将的拜尔德却在不久前公开了他驾机探访地心飞碟基地的神奇经历，这使外星人和飞碟再次成为美国人谈论的热门话题。

拜尔德的日记

拜尔德的日记说，他曾于1947年2月率领一支探险队，从北极进入地球内部，并发现了一个庞大的飞碟基地和地面上已绝种的动植物，在这个基地里还居住着拥有高科技的"超人"。但这信息却一直被美国政府长期封锁着。

谜一样的基地

　　1947年2月，拜尔德出席美国国防部的参谋会议，所有的陈述均有详细的记录，并且向杜鲁门总统作了汇报。会议历时6小时40分钟，他还接受了最高安全部门及医疗小组的调查，后被有关方面告知要严守机密。拜尔德身为军人，只能服从命令。但他仍在1965年12月24日的日记中写道："那块土地在北极，那个基地是一个巨大的谜。"

文字来源于中国飞碟探索网

北极地区：
北极地区是指北极附近北纬北极圈以内的地区。北极地区的气候终年寒冷。冬季，太阳始终在地平线以下，大海完全封冻结冰。夏季，太阳则连续几个星期都挂在天空。

揭秘神秘的宇宙

中国"北斗"
　　卫星导航系统是重要的空间基础设施，可提供高精度的定位、测速和授时服务，能带来巨大的社会和经济效益。中国已建成北斗导航试验系统，该系统在测绘、电信、水利、交通运输、渔业、勘探、森林防火和国家安全等诸多领域发挥着重要作用。目前，正在实施建设北斗卫星导航系统。
　　北斗导航系统是覆盖中国本土的区域导航系统，其定位精度与GPS相当，都在1.2米左右。目前，北斗导航系统在国内是开放使用的。

揭秘飞碟的原理和结构

在我们印象中，外星人是来无影去无踪、神秘莫测的，好像具存超自然的力量。真的是这样吗？既然都是生活在同一个宇宙中，就肯定要遵守基本的宇宙规律。

最基本的宇宙规律都是一样的

不论是来自何处的外星人，他们总是以不同的形式向我们揭示飞碟的原理和结构。不管外星人已掌握多么高超的技术，他们都不可能违背能量守恒的规律和必须遵循质能转化关系式及连锁反应的规律。

飞船能量的来源

因此，他们必须利用宇宙天体抛射的电磁粒子为飞碟充磁，然后将充磁的飞碟释放出来潜入海洋提取海水中的原子核，并将其束缚在底部的强磁场中，通过控制向其发射的电磁粒子数量来控制其核聚变，以此增加飞离地球和太阳系的能量。

能量守恒定律：

能量既不会凭空产生，也不会凭空消失，它只能从一种形式转化为别的形式，或者从一个物体转移到别的物体，在转化或转移的过程中其总量不变。

揭秘神秘的宇宙

卫星

卫星是指在围绕行星轨道上运行的天然天体或人造天体。

天然卫星是指环绕行星运转的星球，其大小不一，彼此差别很大。太阳系已知的天然卫星总数（包括构成行星环的较大的碎块）至少有160颗。除水星和金星外，太阳系其他行星都有天然卫星，其中，木星的天然卫星最多，而月亮则是距离地球最近的天体，它围绕地球运转，是地球唯一的一颗天然卫星。

世界著名天文学家称：
25年内一定能找到外星人

"我们发现了很多新的星球，25年内我们一定可以在它们之中找到外星人。"这是世界著名天文学家肖斯泰克在加利福尼亚接受英国路透社记者采访时说的。真的可以吗？

"凤凰计划"

1984年成立的SETI研究所已经监测到了一些声波信号，他们开展了著名的"凤凰计划"。到1999年中期，"凤凰计划"已观测了它名单上所列的半数星体，大约有500颗左右，仍然没有地外文明信息被检测到。

2005年一组2 600万美元的射电望远镜投入使用，这组望远镜的名字为"艾伦望远镜"，艾伦望远镜将覆盖1 000到10 000MHz的频率，是凤凰计划所覆盖频率的3倍。

天文望远镜：

天文望远镜是观测天体的重要手段，从第一架光学望远镜的诞生到现在，它已经有三百多年的历史。可以毫不夸大地说，没有望远镜的诞生和发展，就没有现代天文学。

不同于我们的生命形式

肖斯泰克坚信有外星人存在。他估计，如果外星生物和人类一样是由碳水化合物构成，那么他们很可能也有中央神经控制系统、两只眼睛、一张或两张嘴巴、腿和一些再生器官。但他认为任何外星生物的智力都要比人类发达很多，"他们很可能不是一种生物体，更有可能是生命的一种人工形式"。

文字来源于2002年7月22日中华新闻网

揭秘神秘的宇宙 ?

人造卫星

随着现代科技的不断发展，人类研制出了各种人造卫星，这些人造卫星和天然卫星一样，也绕着行星（大部分是地球）运转。除了地球，人造卫星还被发射到环绕金星、火星和月亮的轨道上。1957年，前苏联发射了人卫1号，这是第一颗被正式送入轨道的人造卫星。目前，人造卫星在近代通讯、天气预报、地球资源探测和军事侦察等方面已成为人类不可或缺的工具。

UFO真的降临过地球吗

1973年两位美国中学生发现了着陆的不明飞行物。飞行物发出了一种金属撞击的声音。四周闪烁着绿色的光彩；并且越来越快地像陀螺一样旋转起来。旋转的速度很快，红色的光芒一明一暗地闪动着，然后就很快地飞走了。

美国中学生的奇遇

1973年，在美国洛杉矶附近，两位17岁的中学生发现了着陆的飞碟。当时，他们正穿过一片小树林，到一片空地上去玩。突然，他们看到空地上有个灰色的东西停在那里，而且开始发出红色的光。同时，这个怪物垂直上升了1米多，四周闪烁着绿色的光彩，并且越来越快地像陀螺一样旋转起来。旋转的速度很快，红色的光芒一明一暗地闪动着，然后就很快地飞走了。

 洛杉矶：

洛杉矶是美国西海岸加州的著名城市，也是美国第二大城市（人口超过400万），仅次于纽约。

真假难辨

众多不明飞行物留下的痕迹往往是圆形的，周围的草地有烧焦的迹象。降落的地点都选得比较隐蔽，而且周围环境对降落很不利，需要有精湛的技术。这是不是真的飞碟的痕迹呢？从已知的情况分析，这种说法目前还无法证实。

揭秘神秘的宇宙

太空中的研究基地

为了对太空进行更好的研究和开发，人类需要在太空建立空间站，作为在太空中生活和工作的基地。空间站能够在近地轨道长时间运行，可以容纳多名宇航员在里面生活和工作。

小型空间站可以一次发射完成，大型空间站需要分批发射组件，然后科学家们再在太空中把它们组装起来。建设空间站是为了能在太空中进行长时间的科学研究，所以，里面需要建有人能够生活的一切设施。

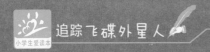

神秘麦田圈
是外星人所为吗

英国在过去几十年发现的神秘麦田倒伏，有着惊人的规律可循：内圆圈倒伏的大麦为顺时针方向，外圆圈则为逆时针。在过去的几十年中，已有好几百个此类型的圆状、环状、螺旋状及其他形状的作物圆状图形，都是在英国三个地方所连成的三角区域内，称之为"威尔特（郡）三角"。此区域也靠近英国巨石文明遗迹，因此有人曾将这联想到"百慕大三角"。

神秘的麦田倒伏

1987年，在英国WhiteparRish大麦田，出现了一个圆状痕。此同心圆的神秘痕迹直径为15.38米，两圆距离为2.68米，圆周伤痕宽为1.18米。内圆圈倒伏的大麦为顺时针方向，外圆圈为逆时针，这是个典型的圆状痕。因这些圆状痕迹连续在英国出现，特成立了专门研究的组织，使得其神秘圆状痕闻名于世。

内涵极丰富

经过科学界的分析，原因有四种可能：人为的恶作剧、大自然力、病毒引起、UFO降落痕迹或来自宇宙的信息。真正原因还有待考证。几十年过去了，麦田圈的数量不断增加，而且遍及全球。图案亦变得越来越复杂，由初期的小型简单圆圈到近年的大型复杂图案，如几何图、动物、古文字、星系图、混沌数学、肝炎细菌图……种种分析显示，麦田圈是由强大能量瞬间作用于麦田而产生的，当中隐藏了数学、化学、分子科学的讯息。故此，极可能是地球以外的高智慧生命体希望人类以同样高智慧去消化这些讯息。

揭秘神秘的宇宙？

用古希腊、古罗马诸神的名字来命名的太阳系行星

水星（Mercury）以古希腊神话中的赫尔墨斯命名，他是主管商贸、旅行和盗窃的神。

金星（Venus）的名字来自古罗马神话中的爱神维纳斯。

地球是8大行星中唯一没有用神的名字命名的，其名称的含义是"肥沃的土地"。

火星（Mars）的名字来自古罗马神话中的战神玛尔斯。

木星（Jupiter）的名字来自古罗马神话中的众神之王朱比特（即希腊神话中的宙斯）。

几何样式

据英国圆状痕研究团体与阿林·安德鲁的研究表明，这些圆状痕事实上有一定几何规则，有单圆、同心圆、椭圆、大小二圆组、三圆组、同型二圆组、五圆组、多重同心圆组等，更有趣的是还有男女性别符号组。

英国巨石文明遗迹:

是欧洲著名的史前时代文化神庙遗址，位于英格兰威尔特郡索尔兹伯里平原，约建于公元前4000年–公元前2000年，主要是由许多整块的蓝砂岩组成，每块约重50吨。

神秘难辨

这些环状痕迹都有一些共同的特征，如农作物依一定方向倾倒成规则的螺旋或直线状；事件都发生在晚上，没有人亲眼目睹圆状痕的生成；附近都曾出现不明亮点或是爆炸的声音；正中央部位都有异状物质，有些具微量放射线，有些还不太清楚其真正成分。

随着时间的流逝，麦田圈的数量不但没有减少，反而不断增加，图案亦变得越来越复杂，而且更有人拍下过麦田圈形成时，上空的确有一个奇怪物体飞来飞去。此外，令人无法解释的是，麦田圈上的植物没有折断的痕迹，只是植物的生长方向有不寻常的变化。

揭秘神秘的宇宙 ?

勒梅特（1894—1966）
宇宙大爆炸理论诞生于20世纪20年代，但一直不为人们重视。直到1932年，比利时天文学家和宇宙学家勒梅特首次提出了现代宇宙大爆炸理论。

沙漠和海洋：
理想的UFO基地

许多飞碟研究者认为，如果外星人在地球上有飞碟基地的话，那么，除去海洋之外，戈壁沙漠是外星人最理想的基地。事实真的如此吗？

大漠上的飞碟

事实也确实如此，在中国内蒙古自治区和新疆维吾尔自治区的茫茫戈壁上空，经常有飞碟出没，当地人习以为常。

UFO也常光顾非洲的撒哈拉大沙漠。已故著名女作家三毛，在撒哈拉沙漠就曾两次目击UFO。

深海是个天然基地

　　在不少飞碟事件中，人们都曾看见过飞碟从海洋中飞出或从高空直接钻入海里。在世界的各个海域都有飞碟出没，其中飞碟出现最为频繁的当数百慕大三角地区，这已是世人熟知的事实。

　　专家经过长期的分析研究后，得出这样的结论：如果说广阔的海洋是外星人在地球上理想基地的话，那百慕大三角就是基地的总部。

百慕大三角：

亦称魔鬼三角区和丧命地狱。据说已有五十多艘船和二十多架飞机在此处神秘失踪。该地区略呈三角形，位于美国南岸、百慕大群岛和大安的列斯群岛之间。

揭秘神秘的宇宙

蓝色的海洋星球

　　地球是是太阳系八大行星之一，也太阳系中唯一具有高智慧生命的星球，有厚厚的大气层，地表大部分地区都被水所覆盖，约占地球表面积的70%，有"三分陆、七分水"之说，因此，从太空看，地球就是一个蓝色的海洋星球。

UFO在地面留下痕迹

很多地方都发现过UFO在地面留下的痕迹，痕迹多种多样，且留有痕迹的土壤会寸草不生。根据痕迹的地质物理变化，可以推测出UFO的质量很大，而且具有很强的放射性。

痕迹的形状

这是些由于地面受到某些压力或有规则的烤灼而留下的圆形、环形、三角形及半月形痕迹。大多数痕迹残留很长时间（有时达数年之久）。在此期间，该处的土壤寸草不生。

质量很大

1954年8月3日18时，一个透镜形的不明飞行物降落在马达加斯加的安塔那利佛机场旁边。它在跑道一端满是石子的地面停留了两分钟，圆圈内的石子全部被压成粉末。

具有放射性

UFO事件接连出现。1965年9月3日23时，两名正在美国得克萨斯州德蒙市附近公路上巡逻的警官发现，一团夺目的亮光降落在他们面前的平原上。事后人们发现那里的泥土被烤焦并被巨大的重物压迫过。

相似事件：

相似的事件还在法国、阿根廷、加拿大等地出现，留下或圆形或三角形的痕迹，要达到660千电子伏特才会形成那种效果。

揭秘神秘的宇宙

日食

月球在公转轨道上围绕着地球旋转。当月球旋转到地球和太阳的中间时，如果太阳、月球、地球正好连成一条直线或者近似一条直线，此时，月球就会挡住太阳照射到地球上的光，月球身后的黑影就正好落到地球上，于是就出现日食。

日食可分为日全食、日环食和日偏食。左图就是日环食。

UFO极具破坏力

UFO的危害主要表现在三个方面：一是强辐射破坏植被，好多土壤从此寸草不生；二是水源遭到污染；三是危害人体健康。

UFO使植物被烧焦

90%的UFO事件中，都有植物被烧焦的现象，这种后果并非自身燃烧所致，而是受到异常强烈的热辐射结果。其中，35%的事例还伴随着放射性后果。一般说来，被如此毁坏过的地区的植物很难恢复；而且在25%的例子中，土壤从此寸草不生。

UFO使水源受污染

1970年9月14日，一个不明物体降落在新西兰蒂奎蒂附近布莱克莫尔农场边的一个小湖里。第二天早晨，农场主发现湖水水位涨了很多，而岸上的痕迹表明：夜里，湖水不可思议地溢出了坝外。湖水变成了暗红色，并带有刺鼻的气味。

伤害人体

1968年8月，阿根廷的一个残疾人被不明飞行物放出的火花灼伤脸部，还附带恶心头痛。1970年不明飞行物光临芬兰南部森林，造成目击者浑身发红，患上头晕病。医生诊断病因是身体受到了辐射。

揭秘神秘的宇宙

宇宙中的辐射

宇宙中所有物体都会产生电磁辐射。它们以波的形式向四面八方传播，并且有不同的波长。有的辐射以可见光波的形式传播。有些天体的辐射是长波辐射，如红外线和无线电波；有些天体的辐射是短波辐射，如紫外线、X射线、γ射线。通过研究天体辐射，可以帮助人类发现更多宇宙中的秘密，让人类更好地了解宇宙。天文学家们可以利用这些辐射来绘制天体图。

射线：

现已为人类熟知的射线有 α 射线、β 射线、γ 射线、X 射线。

阿根廷人的厄运

1968年8月阿根廷门多萨医院的病人被飞碟放出的辐射火花灼伤，昏迷了20秒钟。无论是外伤，还是附带的恶心、剧烈头疼等症状，都在一个月后才消失。

害人的火花

1968年8月，阿根廷门多萨医院的残疾人阿德拉·卡斯拉维莉从窗口看见一艘圆盘形的飞船降落在医院旁边。几秒钟后，飞船重新起飞，放出一种辐射状的"火花"。残疾人脸部被灼伤，昏迷了20秒钟。这时，飞船已飞走。阿根廷空军情报处和原子能委员会秘密地调查了此事，发现飞船停留过的地方有一个直径50厘米的圆形印迹，土壤呈灰色，放射性程度很高。专家们确认，该人被灼伤是强烈而短暂的辐射所致。无论是外伤，还是附带的恶心、剧烈头疼等症状，都在一个月后才消失。

揭秘神秘的宇宙

月食

月食是一种特殊的天文现象，指当月球运行至地球的阴影部分时，在月球和地球之间的地区会因为太阳光被地球所遮闭，就看到月球缺了一块。也就是说，此时的太阳、地球、月球恰好（或几乎）在同一条直线(地球在太阳与月球之间)上，因此，从太阳照射到月球的光线，会被地球所掩盖。这就是月食的产生。

月食可分为月全食、月环食和月偏食。

辐射：

自然界中的一切物体，只要温度在绝对温度零度以上，都以电磁波的形式时刻不停地向外传送热量，这种传送能量的方式称为辐射。

辐射严重

1970年在芬兰南部吉米亚维村附近的森林，另一件给人类造成伤害的事件发生了，两名目击者中，一名腹部剧痛，小便呈黑色，身体极度虚弱，持续了将近1年之久；另一名则浑身皮肤发红，很快得了头晕病，身体不能保持平衡。医生们诊断不出两个目击者患病的原因，但均认为他们受过强烈的辐射。

揭秘神秘的宇宙

"天狗吃月亮"

日食、月食是一种自然现象。但是，由于古代科学不发达，古人们还认识不到日食、月食产生的原因，所以，他们把日食、月食视为不祥之兆。因此，古代每逢日食，人们都会敲锣打鼓，朝着天空射箭或者用物品和人当祭品进行祭祀活动。

民间传说，月食是由于天狗吞食月亮造成的。这条"天狗"非常的孩子气，常常逗着月亮玩耍，总爱把月亮吞进肚里后又吐出来，不满16岁的孩子看见"天狗吃月"，容易被狗撕咬。人们为了挽救月亮，所以在月食时，要敲击响器救月。据说敲响器的声音大作，就会吓得"天狗"把月亮吐出来。左图就是日偏食。

UFO使电路短路

1970年8月13日夜间，另一事件发生在丹麦哈德斯莱夫市附近。22时50分，正在城市外围巡逻的警官埃瓦德·马鲁普的汽车马达突然停止，车灯熄灭。

奇异的光束

车子被来自上方的一道强光罩住了，车内酷热难熬。警官探头观看，只见一个直径15米的圆盘形物体停在空中，从它里面射出一束锥形白光。马鲁普想同总部联系，但无线电对话机已不能工作。光束渐渐缩回飞船舱内，使警官惊讶不已的是，光束始终保持固定的形体，仿佛是用空气剪裁成的。飞船迅速而又一声不响地升高，消失在星空中了。

六张照片

　　此间，马鲁普成功地拍摄了六张相当清晰的飞船照片（这些照片经过丹麦和法国专家鉴别其真伪后，被发表在报纸上）。飞船消失20秒钟后，马鲁普警官的汽车发动机、车灯和无线电通信装置重新恢复正常。最惊人的、至今仍然无法解释的现象，是陌生的飞船竟能分段逐渐收回光束。

相似事件：

相似的事件还在法国、阿根廷、加拿大等地出现，当UFO飞过时，全市停电，市民陷入惊慌失措之中。

揭秘神秘的宇宙

地月系

　　地球及其天然卫星月球构成了一个天体系统，即地月系，地球是其中心天体。由于地球质量同月球质量的相差悬殊，地月系的质量中心距地球中心只有约1 650公里。通常所说的日地距离，实是太阳中心和地月系质心的距离。严格地讲，我们通常所说的月球绕地球公转，实质上是地球和月球相对于它们的共同质心的公转。也就是说，绕转中心不是地心而是月地共同质心，是月球和地球共同绕月地共同质心的运动。由于地球质量是月球的81.3倍，月地共同质心在地球内部，距离地心不过4 671千米，因此，一般也被看成是月球相对地心的绕转。

UFO留给人类的陌生物体

　　UFO留给地球的物质大都非常奇异。1974年，美国佛罗里达州的V.A.巴茨拾到一个钢球。这个钢球的奇特之处在于：当受到脉冲作用时，它便沿自己的中轴旋转成直线运动，然后返回自己的出发点。

揭秘神秘的宇宙

恒星世界中的"巨人"与"侏儒"

　　在恒星世界中，既有"巨人"，也有"侏儒"。巨星的直径大约是太阳直径的几十倍到几百倍。超巨星的直径更大。白矮星和中子星是恒星世界中的"侏儒"，白矮星的直径一般只有太阳的几十分之一，一些中子星的直径大约只有20千米。

奇特图案是外星人留下的脚印吗？

在位于北纬30°附近的中国雅安市名山县的蒙顶山上，呈现出一幅奇特的巨大图案：左边是一只麒麟，右边是一个戴着羽毛头冠的武士！据了解，只要采用卫星地图软件，就能看见这个图案覆盖了几乎整个蒙顶山的阴面。到底是什么样的"神秘力量"形成山顶上这个特殊的图案的呢？

从空中看下去，这幅图案就像是罗马武士的上半身，有手、鼻子、眼睛、帽子，还有一个头冠，武士身下还有一个看上去像麒麟的动物。

那么，究竟是何种原因形成了如此奇特的"麒麟武士图"？它是真实存在的，却又不是人工开凿，那会不会是当地人所说的外星文明的产物呢？研究人员表示，如此巨幅图案的形成是一个综合的过程，如果排开自然形成和人造工程这两个角度，那唯一可以解释的就是非人类意图的因素，他还大胆提出："这有可能是太空船的标志物，外太空的人为了以后返回而有意留下的标记。"

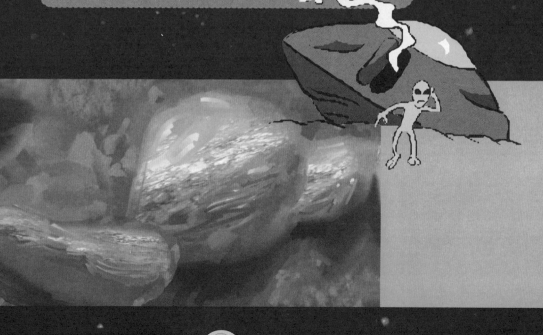

脉冲定义：

在短时间内突变，随后又迅速返回其初始值的物理量称为脉冲。

美前政府工作人员
大曝UFO绝密资料

一位美国退役军人声明，曾亲手接到过一份绝密电报，这份绝密电报的内容大意是：一UFO在挪威斯卑次皮尔根岛坠毁，请求美国空军采取行动。退役陆军中士史东也表示，他曾于1969年在宾夕法尼亚州参与修理坠毁飞碟的工作。

内部工作人员的爆料

美国空军退役中校Q在2007年9月递交的书面证词中写道："我在美国空军服役26年，持有绝密级'特别部门ＴＫ工作许可证'。我发誓，我在德国拉姆斯泰因空军基地服役期间，曾亲手接到过一份绝密电报。"

绝密电报

　　这份绝密电报的内容大意是：一个UFO在挪威斯卑次皮尔根岛坠毁，请求美国空军采取行动。在调回蒙大拿州马拉姆斯托姆空军基地后，这位中校再次看到一份绝密电报，这份电报称，一个金属圆形的UFO屡次出现在美国导弹基地发射井上空，所有的导弹都奇怪地失控，根本无法发射！

史东的发现

　　退役陆军中士史东表示，他曾于1969年在宾夕法尼亚州参与修理坠毁飞碟的工作，有些飞碟坠毁时留下外星人的尸体，有些外星人被发现时还未死去。

外星人的面貌究竟如何

目前，各国的不明飞行物专家都掌握了一些可靠的有关外星人的目击报告。从这些目击报告来看，人们所见到的外星人大致可分成以下四类，即矮人型类人生命体、蒙古人型类人生命体、巨爪型类人生命体、飞翼型类人生命体。当然，除此以外还有很多其他类型的类人生命体。

矮人型类人生命体

矮人型类人生命体也被我们叫宇宙中的侏儒，他们的身高从0.9～1.35米不等。同自己矮小的身躯相比，他们的脑袋显得很大，前额又高又凸，好像没有耳朵，或者说他们的耳朵太小，目击者很难看清。据目击者说，这些矮人型类人生命体都身穿金属制上衣连裤服或是潜水服。

蒙古人型类人生命体

这类类人生命体的身长在1.20～1.80米之间。从总体上看，他们各个部位之间都很协调，没有任何丑陋的地方。他们的形态在各个部位都与地球人相近。如果要把他们与地球上的某个民族相比，他们很像亚洲人。他们的肤色黝黑黝黑的。至于服装，他们穿的是很贴身的上衣连裤服，就像宇航员的太空服一样。

揭秘神秘的宇宙

红色行星——火星

火星的地表是由氧化铁尘粒构成的，所以呈红色，人们也称它为"红色行星"。它与水星、金星、地球都是近日行星。因为它离太阳的距离比地球远，所以表面温度比地球低。

在太阳系中，火星的地表特征最为壮观。在它的南半球，有许多环形山和丘陵；在它的北半球，由于地势比较低，环形山和丘陵也比较少。这些地形是流水和岩石共同作用形成的。

火星上曾经有水，并且曾经有水围绕着环形山脉流动。而如今，这些水已全部转化成细针状的冰晶了，它们被埋在火星地表下的永冻土中或覆盖在火星南北极冠之上，所以，在火星表面，再也见不到流动的水了。

巨爪型类人生命体

这种类人生命体在20世纪50年代发生的世界性第一次不明飞行物风潮之后，就再也没人看到过。专家们说，人们主要在南美洲的委内瑞拉发现过巨爪型类人生命体。

据目击者讲，这些类人生命体都赤身裸体，不穿任何衣服。他们的身高在0.60～2.10米之间不等。他们的手臂特别长，同其身躯相比，极不相称。手是巨型的大爪子。

飞翼型类人生命体

　　1877年5月15日，在英国汉普郡的奥尔德肖特，两名正在站岗的哨兵发现，在军营附近出现了一个穿紧身上衣连裤服、头戴发磷光头盔的人，他蓦地腾空飞了起来。两个哨兵惊恐万状，举枪朝那个空中飞行体射击，可是没有打着。那两个哨兵放下了枪，瘫软在地上。

　　1968年9月2日约14点15分，在阿根廷的科菲科，一个名叫T.索拉的10岁孩子，看到一个身高2.1米的怪人在空中飞翔。他的身子放射出奇异的光芒。他飞到了一个停在地面的飞行器旁边。

揭秘神秘的宇宙

火星上真的有外星人吗

　　在许多科幻电影和小说中，火星表面存在着智慧生命或可怕的生命体，许多人迫切希望能够发现火星上真实地存在生命体。但现在科学技术研究发现，火星上并不存在高级生命。目前，这一研究结论得到了社会的广泛认同。

　　火星的大气层很稀薄，星球表面温度比地球的低，星球表面也没有液态的水，因此，火星并不适宜人类移居。

追踪飞碟外星人

其他类型的类人生命体

　　此外，目击者们还看到过其他类型的类人生命体。有人曾发现过一些不具地球人类外形的智能生物。

　　1954年9月27日，在法国汝拉的普雷马农，人们看到一个长方形的生物从一个飞行器中走出来。

　　1954年10月2日，人们在法国刺十字地区看到过2个发暗的"块状身影"，从一个刚刚着陆的飞行器上走下来。据专家们认为，上述两起事件的怪物大概是受某个智能生物遥控的机器人。

　　1965年和1966年，美国人曾发现过一种新类型的类人生命体。他们或是矮人(0.8米高)，或是巨人(3米高)，这些类人生命体都具有以下特点：没有眼睛，没有嘴，没有耳朵。

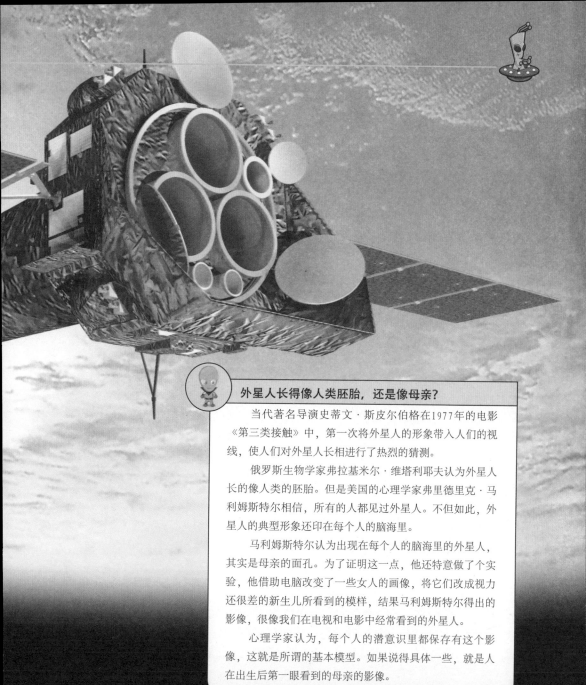

外星人长得像人类胚胎，还是像母亲？

当代著名导演史蒂文·斯皮尔伯格在1977年的电影《第三类接触》中，第一次将外星人的形象带入人们的视线，使人们对外星人长相进行了热烈的猜测。

俄罗斯生物学家弗拉基米尔·维塔利耶夫认为外星人长的像人类的胚胎。但是美国的心理学家弗里德里克·马利姆斯特尔相信，所有的人都见过外星人。不但如此，外星人的典型形象还印在每个人的脑海里。

马利姆斯特尔认为出现在每个人的脑海里的外星人，其实是母亲的面孔。为了证明这一点，他还特意做了个实验，他借助电脑改变了一些女人的画像，将它们改成视力还很差的新生儿所看到的模样，结果马利姆斯特尔得出的影像，很像我们在电视和电影中经常看到的外星人。

心理学家认为，每个人的潜意识里都保存有这个影像，这就是所谓的基本模型。如果说得具体一些，就是人在出生后第一眼看到的母亲的影像。

揭秘神秘的宇宙

太阳系中最大的火山

火星上有太阳系中最大的火山——奥林匹斯火山，它高出周围地面25千米，底部直径大约是624千米，顶部还有一个大约宽80千米的火山口。如今，这座火山已是一座死火山，在山的侧面还能看见凝固的熔岩流。

七旬老妇巧遇6指外星人

1953年8月中旬，一个奇异的光球风驰电掣般地从俄罗斯波尔塔夫州基坎区斯塔尼夫卡村上空掠过，转眼消失在附近的深山里。

奇异的天外来客

1953年8月17日，一个叫安德列耶芙娜的75岁老妇正在该村的一口井打水，她突然发现，在菜园角落的一棵苹果树下站着3个人，他们正在折一根带苹果的树枝，然后他们又朝另一棵李子树走去，手里还拿着某种试管和长颈玻璃瓶。

他们给老人做演示的时候，把手套摘下来，老人发现他们有6个手指，而且又白又大。他们把一件类似管子一样的东西对准一块大石头，这块石头顷刻间熔化了，周围的土地也开始燃烧。

有趣的六指

　　其实，我们地球上也有6指人，地球上的6指人不仅长着6个手指，还长着6个脚趾。科学家们认为，这是罕见的多指(趾)显性变更基因作用的结果。然而，今天地球上的6指(趾)人，是否是6指外星人的后裔，眼下尚不清楚。

造成六指的原因：

原因很多，比如说因为骨质增生，或者是因为遗传，又或者是基因突变，又或者是因为受到辐射的干扰，在母亲的肚子里的时候就受到了这种侵害。总之不管是什么原因，最根本的是因为基因。

揭秘神秘的宇宙

　　火星上的沙尘暴

　　在中国北方，尤其是在西北、华北地区，初春季节发生沙尘暴并不是罕见的事情。事实上，沙尘暴并不是只发生在地球上，火星上也有。

　　火星上的气候十分干燥，空气中飘浮着大量的尘粒。当太阳照射的时候，由于尘粒的吸热作用，使得这部分气流的温度升高、上升加剧，并将更多的尘粒带到空中。于是，火星上风越刮越大，直至尘粒漫天飞舞，形成沙尘暴。

103

土耳其小镇
宣称发现"外星人"

土耳其西部乌夏克省艾西梅小镇的多名居民言之凿凿地说，在某天清晨的田间道路上，遭遇一个会跳跃升空的异形小人，真有此事吗？

跳跃升空的异形小人

土耳其西部乌夏克省艾西梅小镇的多名居民曾众口一词地说，在某天清晨的田间道路上，遭遇一个会跳跃升空的异形小人，他全身罩在一个头大脚小的椭圆形银灰色太空衣里，只露出两只大眼睛。

尽管居民言之凿凿，并有地方首长作证，但有人认为，这不过是地方有心人士在观光季节将来之际制造噱头而已。

身手敏捷

那个奇怪的小人身高约60～70厘米，全身罩在一件明亮的灰色衣服里，没见手臂，椭圆形的大头，只露出两只大眼睛，腰前似有一块黄色腰牌，两脚短小，呈红色。据说，当时人们下车朝它走近时，那个小人突然向后飞快地跳起。当地居民立刻捡石头想把它打下来，但是它飞得更高，约有20米高，然后就消失不见了。

土耳其：

"土耳其"一词由"突厥"演变而来。在鞑靼语中，"突厥"是"勇敢"的意思，"土耳其"意即"勇敢人的国家"。

对外星人的深入研究：
解剖 "外星人"

1947年7月，"罗斯威尔坠毁事件"为世人所震惊，据说在这次坠毁事件之后，美国空军不仅捡到了飞碟的碎片，还秘密解剖了外星人的尸体。

罗斯威尔坠毁事件

1995年8月28日，许多西方电视台在晚上的黄金时间，播出了一部描述解剖"外星人"的纪录影片。影片发行人是英国莫林集团总裁雷·山提利。

纪录片讲述的是，1947年发生在美国新墨西哥州罗斯威尔镇附近的一起轰动一时的飞碟事件。事件描述得很详细，片中两个医生在做手术，还有杜鲁门总统现场作证。

纪录片：

一切真实记录社会和自然事物的非虚构的电影片或电视片都是纪录片。纪录片英语为 documentary，有"不可伪造"的意思。

遭到质疑

虽然拍得很真实，但是专家们还是提出了质疑，他们指出那是人为的，许多离奇的镜头可以用现代电脑技术和电影特技制作出来。1994年9月8日，美国空军以负责内政安全和特别项目监理部长理查·韦伯个人的名义，发表了《空军有关罗斯威尔事件的调查报告》。报告称："在本次调查中，没有发现任何证据可以表明，1947年发生在罗斯威尔附近地区的事件，和任何一种地外文明有关。"

揭秘神秘的宇宙

星团

星团是指10颗以上的恒星，由于物理原因聚集在一起，并且被同一种引力所束缚而形成的星群。

球状星团是恒星由于强大的引力紧密组合在一起的星团，外形看上去如球状或扁球状，其直径大约在15光年～300多光年之间，内部通常有1万～1 000万颗恒星。而疏散星团内部的引力作用则比较弱，恒星的分布比较松散，形状不规则，其直径大约在3光年～30光年之间，内部有大约几十颗到两、三千颗左右的恒星。

第三章
人类与外星人的亲密接触

UFO古已有之

史实：中国正史中的飞碟绑架事件

在中国的正史中，最为典型的飞碟绑架案是公元1880年发生在湖北省松滋县的一起。120多年前，发生在湖北省松滋县境内的覃姓农人随飞碟飞天的离奇遭遇最具代表性。

瞬间行千里

公元1880年6月15日，有个姓覃的农人早晨到屋后的山林中去散步，突然见到树林里有一个奇怪的物体，正发射出亮丽的五彩光芒。他立即上前想抓住它，却突然感到自己的身体飘离了地面，并飞上空中进入云里，且旁边不停地响起飒飒的风声。这时，他感觉到神智有些模糊，身体也不太能自由动弹。一会儿，忽然从高空中坠下，落在一座高山上，幸好身体没有受什么伤。

绑架：

一种犯罪行为，对被害人非法实行暴力手段达到挟持人质的过程，通常会通过这种行为达到敲诈、勒索或者其他条件或者目的。

难道是飞碟惹的祸？

　　这姓覃的农人好像大梦初醒一般，十分害怕。后来遇到了一位樵夫，主动问他从何处来。姓覃的农人据实答说是湖北省松滋县的人。樵夫很诧异，因为这里已是贵州省境内了，离覃姓农人的家乡有六百公里远。后来经过这位樵夫的指引，他才能顺利下山，并一路乞讨回去，经过18天才终于回到家里。

　　这是中国正史上最具代表性的"不明飞行物"事件，具有一定的参考及探讨价值。

揭秘神秘的宇宙

七姊妹星团

　　昴星团位于金牛座，内部大约有280多颗恒星。昴星团距离地球417光年，直径大约有13光年，它是离我们最近也是最亮的几个疏散星团之一。肉眼见到的昴星团通常有六七颗亮星，所以它又被称为"七姊妹星团"。

出现在古代中国的UFO之谜

　　从20世纪40年代人们正式发现飞碟的时侯开始，现代人往往认为，飞碟来到我们地球的时间不久。事实真的是这样吗？在古代，曾经发生过一些当时人们无法解释的事情，人们称之为"神迹"或是别的什么，也许就是外星人的杰作。

《夷坚志》中的记载

　　我国南宋的学者洪迈，就曾在他的《夷坚志》一书中记载了一件"天降龙珠"的怪事。《搜神记》里也有类似的记载。在《搜神记》的"泰山石立"条目中，干宝记录了在汉昭帝元凤三年正月所发生的一件奇事。

北斗七星

北斗七星属大熊星座的一部分，北斗是由天枢、天璇、天玑、天权、玉衡、开阳、摇光七星组成的。古人把这七星联系起来想象成为古代舀酒的斗形，天枢、天璇、天玑、天权组成为斗身，古曰魁；玉衡、开阳、摇光组成为斗柄，古曰杓。

古人很重视北斗。北斗星在不同的季节和夜晚的不同时间，出现在天空中的方位不尽相同，而且古代科学技术不发达，人们就利用它来辨别方向，确定季节。因此，古人就根据初昏时斗柄所指的方向来决定季节："斗柄指东，天下皆春。斗柄指南，天下皆夏。斗柄指西，天下皆秋。斗柄指北，天下皆冬。"

"天降龙珠"

那时，在泰山莱芜山的南坡，传来了像几千个人一起喊叫一样的"轰轰"声。人们跑过去一看，发现有一大块奇形怪状的石头落在地上。这块大石高约3.6米，周长大约10米，入地约2米，有3个支撑物像3块石头一样撑着它。在它的周围，有几千只白色的鸟儿围绕着。从上面的记载中，我们不难想象，那块能发出巨大的"轰轰"声的"大石"就是一架UFO，它有三个支撑脚，从空中坠落入地。

《夷坚志》：

宋代志怪小说集。作者洪迈(1123～1202)，字景卢，别号野处，鄱阳(今江西波阳县)人，绍兴十五年(1145)进士，官至端明殿学士，撰有《容斋随笔》等书。

出现在古代西方的UFO之谜

不仅仅是古代中国，在世界的每一个文明古国，都有一些无法解释和怪异的现象。在国外的古老文明中，这些神秘的东西更为明显。

持镜望天

在秘鲁的一所博物馆里，收藏着一块极其古老的石刻。石刻上描绘的是一位古代的印第安学者，手持一个管状的东西贴在眼睛上观测天空。大家都知道，望远镜是300多年前才发明的，可是这块石刻已经有一万年的历史了，万年之前的印第安人又是从哪里获得这种观测仪器的？

铸印：

制作金属印章的方法。一般先雕刻蜡模，外面用泥做范，熔金属注入泥范而成。

"战车"从天而降

在埃及的一座有5000多年历史的金字塔里，考古学家发现了一份手抄稿，上面用埃及古文字记录着某一天有一架"战车"从天而降，跌落在埃及首都开罗附近，上面只有一个生还的人。他就是金字塔的设计者，他死之后，尸体也被封存在金字塔里。

绘有飞碟的铸印

在法国，人们还在古钱币上发现了飞碟的铸印。在意大利、英国、德国也都发生过多起古代UFO事件，这些都似乎在暗示我们，古代神秘事件有别的解释。在将来的某一天，一定会有人破解这些谜，并告诉后人那时发生了什么。

揭秘神秘的宇宙？

云雾状天体——星云

星云是由星际空间的气体和尘埃结合而成的云雾状天体。除了行星和彗星以外，几乎所有的延展型天体都被称为星云。星云的主要成份是以氢、氮为主的气体，其内部的物质密度很低，但是它的体积很庞大，直径通常长达数十光年。

古人的UFO经历

古人遇到自己不认识或没见过的东西，想必一定也和我们一样好奇，只是古人的知识远不如我们丰富罢了，古人就拿自己熟悉的、认识的东西来比拟。比如遇到不明飞行物古人就比做船、蚌蛤、虾蟆什么的。

蚌蛤大如席

宋朝人庞元英所撰的《文昌杂录》记有宋神宗元丰年间，秘书少监孙莘老目睹的UFO事件，"庄居在高邮新开湖边，一夕阴晦，庄客报湖中珠见，与数人同行小草径中，至水际，见微有光彩，俄而明如月，阴雾中人面相睹。忽见蚌蛤如芦席大，一壳浮水上，一壳如帆状，其疾如风。舟子飞小艇竞逐之，终不可及，既远乃没"。

会飞的"槎"

唐朝的《洞天集》也另有一则。公元880年，"唐僖宗广明一年，严遵仙槎，唐置之于麟德殿，长五十馀尺，声如铜铁，坚而不蠹。李德裕截细枝尺馀，刻为道像，往往飞去复来，广明以来失之，槎亦飞去"。严遵，名君平，汉时成都人，是一位有名的算命先生。"槎"就是船的意思，指当时有一个长五十余尺的"仙船"，很坚硬，发出机械式的声音，常常飞来飞去，后来就飞走了。

金背虾蟆

唐朝人段成式所撰的《酉阳杂俎·卷一》第38则，记有大约发生在公元823年前后的UFO事件。指唐穆宗"长庆中，八月十五夜，有人玩月，见林中光属天，如匹布，其人寻视之，见一金背虾蟆，疑是月中者，工部员外郎张周封尝说此事，忘人姓名"。此事在《学津》《津逮》《稗海》各书中也都有记载，工部员外郎这位政府高官都在说，可见此事不虚。

如日夜出

宋朝人洪迈所撰的《夷坚志·壬卷》有一篇"夜见光景"，描写公元1195年左右，宋宁宗庆元初年间，"临川刘彦立兄弟二人，一夕，屋后松树上圆光如日，高去地二丈馀，即之则晦。一个日头忽起，从前山高出三丈，所照草木皆可辨，只比色间色赤耳，如日夜出，色炎如火，附於地，犬吠逐之，光际地避隐"。

明朝国师刘伯温在公元1360年前后的一个七月十五的夜里，曾见过UFO，写了一首"月蚀诗"来纪念："招摇指坤月坚日，大月如盘海中出，不知妖怪从何来，惝恍初惊天眼联，儿童走报开户看，城角唧鸣声未卒。"这是一个从海中飞出来的形状如盘的"大月"，完全符合飞碟现象。

东坡遇怪

宋神宗熙宁三年（公元1070年）十一月三日，著名诗人苏东坡被调离京师，任命为杭州通判。在上任途中，来到江苏镇江畅游金山寺，当晚老僧请苏东坡留宿，以便次日观日出奇景。晚上就在江边吟诗，没想到看到了UFO。苏东坡便将当时情形写成诗，题为《游金山寺》："是时江月初生魄，二更月落天深黑，江心似有炬火明，飞焰照山栖鸟惊，怅然归卧心莫识，非鬼非人竟何物？"

苏东坡：

即苏轼，是中国历史上少有的文学和艺术天才。苏轼在诗、文、词、书、画等方面，在才俊辈出的宋代均取得了登峰造极的成就。

一段奇异的旅程：
到飞碟"做客"

　　尽管我们无法推测UFO访问地球的真正目的是什么，但UFO的确给曾接触过它们的地球人带来许多的烦恼和痛苦。不少与UFO接触过的人都把这段接触时间称做被绑架。

午夜被绑

　　1975年1月5日午夜3时，阿根廷拜亚布兰加市的卡狄亚斯从餐厅出来回家。他像往常一样搭乘巴士回家，大约午夜3时30分在住家附近的站牌下车。周围一片漆黑，突然面前出现一束圆筒状的光束。他很害怕，想逃走，但是却无法行动。

揭秘神秘的宇宙 ❓

会发光的星云
　　发射星云是受到附近有光亮的恒星激发而发光的，这些恒星所发出的紫外线可以电离星云内的氢气，使它们发光。

恐怖的回忆

在卡狄亚斯朦胧的记忆里，他被带到一间奇怪的房间，呈半球形的，墙壁是半透明的……之后，三个有点儿像人的奇怪生物（形状像人，但不仅没有头发，而且长着连眼睛、鼻子、嘴巴都没有的"蛋脸"，身穿乳白色像是橡胶制的罩衫，身材高瘦，手臂也有两条，但没有手指，末端圆圆的，像木棒一样，看来令人作呕），取走了他几根头发、部分胸毛。最后，没有伤害他，把他放回了地球。

阿根廷国名由来：

在西班牙语中，"阿根廷"与"拉普拉塔"词意义相同，均为"白银"。

诡异的行径：外星生命把地球生命当做活标本吗

揭秘神秘的宇宙

超新星星云

超新星星云是超新星爆发后抛出的气体所形成的，与行星状星云一样，这类星云的体积趋于膨胀之中，最终也会归于消散。最有名的超新星星云是金星座中的蟹状星云。

屠牛现场

事情大约发生于半夜两点，山姆内急去户外小便。夜空繁星点点，是个美好的夜晚。但当他转入屋后时，山姆吓得愣在原地。大约100米外的空中浮着一架直径大约30米的飞碟，下方有一头牛像被无形的绳索吊着一般离开地面。山姆偷偷地观看着，有三名状似外星人的人走出来，身高大约1米，穿银色服装。围着牛，其中一个人手持金属筒，按住牛的屁股。

牛像被催眠一般，一动也不动。外星人用力将金属筒深深刺入牛体内，再抽出来，慢步走回飞碟里面。这时，牛已倒在地上。

揭秘神秘的宇宙

有故事的星群——星座

根据当代天文学家的划分，天球上一共有88个区域，每个区域中有一个星座，每个星座都是由许多星星组成的。用直线把每个星座中的每颗星星连起来，就能绘制出星座连线图，简称星座图。每个星座的连线形状都不一样，星座就按连线形状来命名。

很久之前，人们就在繁星点点的夜空勾勒出了很多动物和英雄的图形，他们还发挥想象力，赋予这些图形美丽神奇的故事。古时星座的名称大多来自古希腊神话中的人物，星座的故事伴随人类文明的发展而流传至今。

发抖到天亮

　　山姆非常害怕，回到自己的房间，钻进被窝，一直发抖到天亮。他的话可信度极高，他对有关家畜屠杀的种种不可解现象几乎未具备任何具体的知识，所以不可能凭空捏造。总而言之，这个目击者几乎给今天我们认为不可解的现象提供了解答。

星球分类：

以光谱为依据的一种恒星分类方法，由一个字母和一个数字组成,大致反映了它们的表面温度。类别为：O，B，A，F，G，K和M 。O 类星是最热的，M 类最冷。数字为各类的进一步的细分。因为在进行分类的时候还不清楚它们和温度之间的关系,所以这种分类只是温度大致的反应。O 和B 类星很少但极亮，M 类成员众多，但很昏暗。太阳的分类为G 2。

又一桩奇案：
大批牛神秘死亡

在距阿根廷首都西南600多公里的阿德拉地区，曾几次发生十几头牛在原野神秘死亡的事件，且滴血不流。以现在的科学技术，无法想象是怎么做到的。还有，谁有这么高的技巧？

杀牛不见血

每头牛都精确地被取了舌头、眼睛、乳腺和生殖器，且滴血不流。现场没有车辙，也没有脚印。当地牧民吓得惶惶不可终日，却引起了科技人员和飞碟研究爱好者的极大兴趣。

鬼斧神工

不久，又有11头牛不明不白地死了。受当地政府委托，著名兽医卡西亚·比拉尼又一次赶赴现场。他发现11头公牛、母牛与前几次牛死亡时的情况一模一样，都在方圆300米的范围内毫无痛苦地突然死亡，没有出现牛被割舌、挖眼时受惊吓和踩脚发怒的迹象。

鹰狗弃而不食

但在阿德拉区根本没有这些高精尖器械，更没有条件在旷野荒郊使用。卡西亚·比拉尼兽医还注意到，肉隼鹰和野狗都对神秘死亡的牛不仅弃之不食，还躲得远远的。

以现在的科学技术，无法想象是怎么做到的。最后的结论是：除了外星人，还有谁有这么高的技巧？

超光速驱动器：

这个术语是针对其引擎和能够推动星际飞船完成超空间跳跃的相关系统命名的。在超空间里，星际飞船的速度是没有极限的，因此仅仅用几分钟就可以穿越行星间很长的路程。

切除手术：外星人留下了什么

1995年8月19日，在美国加利福尼亚的卡玛里罗医院进行了一次史无前例的外科手术，医生们首次实施了对据说是外星人植入人体内的物体的切除手术。

不明物体被植体内

第一例手术有两个病人，一男一女，他们自述有被外星人劫持的经历。X光检查发现，他们的身体内多了一些物体，手术一共取出3件，女性的脚趾中取出2件，男性的手上取出1件。这3件物体呈"T"状，用金属材料制成，被一层黑灰色的光亮薄膜包裹着，但薄膜无论如何都切不开。

？揭秘神秘的宇宙

夏季星座——天蝎座

希腊神话中宙斯的儿子巴野顿美丽而傲慢，由于他驾驶太阳马车，给人们带来巨大灾难，因此，天后赫拉放出一只毒蝎咬住了他的脚踝。后来，这只毒蝎到了天上就是天蝎座。

人类基因可能正在被研究

到目前为止，这样的手术已经进行了7例。前3例取出的"T"形物体，水平部分的一端有一个像钓鱼钩的倒钩，另一端是圆的，中间呈锯齿状，使垂直部分完全嵌入，最有趣的是垂直部分被一些晶体缠绕着。而且这些受损皮肤的形状与以前在被外星人劫持者身上发现的铲形标记十分相似。另外，上述切除物有一个共同点——在紫外线下会发出荧光。

根据有关专家的研究，外星人可能在研究人类的遗传基因。

国际天文学联盟（天文学联盟）：
作为国际科学联盟理事会创始联盟会员之一成立于1919年，是将世界各国专业天文人联系在一起的国际非政府组织。

追逐与戏弄：
人类与UFO的角逐

你能想象得出地球人和外星人在天空同场竞技的情形吗？实际上，那种情形就像猫捉老鼠的游戏——UFO经常出现在英国剑桥郡和萨福郡等几个镇的上空，皇家空军飞机多次紧急升空，但UFO每次都大肆戏弄皇家空军的战斗机。

闪着红光的不明飞行物

1978年10月18日，由劳伦斯·科因中尉和三名机组人员组成的飞行小组，驾驶一架美国空军直升飞机执行一项飞行任务，从俄亥俄州的哥伦布飞往克利夫兰。40分钟后，他们到达曼斯菲尔德上空，飞行高度为750米。就在这时，一名机组人员忽然发现一个不明飞行物正在不断接近他们，这一从东部高速接近他们的不明物体闪着红光，极其醒目。科因中尉当机立断，立即将飞机降到510米，以免相互碰撞。

"大雪茄"式的飞船

　　然而，出人意料的是，在科因中尉驾驶的飞机距离不明飞行物大约150米时，这个不明飞行物突然停了下来。这时，科因中尉注意到，那个闪着红光的不明飞行物居然是一个巨大的灰色金属飞船，约有18米长，从其外形来看，就像一根流线型的扁雪茄。"大雪茄"的前部边缘闪烁着红光，后部闪着绿灯，中间有个圆形的盖子。突然，"大雪茄"上的一盏绿灯旋转了起来，绿色的灯光照亮了直升飞机的座舱。

揭秘神秘的宇宙

神秘而重要的未知物——宇宙暗物质

　　美国科学家弗里兹·扎维奇在观测星系团时，发现大型星系团中的星系的运动速度非常快。当根据这个速度计算出星系团的质量时，他却惊讶地发现，计算结果远远超过了他观测到的结果。于是，他认为，星系团中一定有大量未知的物质，弗里兹·扎维奇给这些未知物质取了一个名字——暗物质。此后数十年中，科学家们经过不断地观测得知，在广袤的宇宙空间中确实存在暗物质。

　　宇宙暗物质是宇宙重要的组成部分之一，它的总质量大约是普通物质的6.3倍，在宇宙能量密度中约占了1/4。更重要的是，它主导了宇宙结构的形成，如果没有暗物质，就没有星系、恒星与行星，更不可能有人类。

一切失去控制

科因赶紧用无线电发出求救信号，就在他动手的时候，却发现无线电装置莫名其妙地失灵了，既无法发送任何信号，也无法接收任何信号。紧接着，他对机内仪器进行检查和调试，惊诧万分地发现，仪器盘和气表盘的数据都在不断地变化——这架直升飞机正在"自动"升入高空！

当时，科因并没有拉升高操纵杆，但飞行高度居然已达到1 000米，所有的飞行控制系统似乎已被某种力量设定为上升20度，而飞机在几秒钟内从510米爬升到了1 000米，机组人员却没有压抑或呼吸困难的感觉，而且也没有噪音，没有骚动。

揭秘神秘的宇宙

无法观测的暗物质

暗物质代表了宇宙中90%以上的物质含量，而人类可以看到的物质只占宇宙总物质量的10%以下。我们无法直接观测到暗物质，但它却能干扰星体发出的光波或引力，其存在能被明显地感受到。

2008年，一个由多国科学家组成的研究小组观测到了已发现的最大的暗物质，它呈十字架形，跨度达2.7亿光年，为银河系的2 000多倍。

132

心有余悸

　　"我简直不敢相信"，后来，在回忆这次离奇的经历时，科因中尉心有余悸地说，最后，直升机机组人员感到了一下非常微弱的弹跳，那个突然出现的"大雪茄"呈"之"字形飞向西北方，消失不见。7分钟后，科因发现，直升机上的无线电装置又自动恢复到正常状态。

追踪的飞机从此杳无音信

　　1953年11月23日，美国雷达发现苏必利尔湖上空出现了一个不明飞行物，美空军防卫指挥部命令飞行员菲力克斯少校和雷达员威尔杰少校从罗斯空军基地起飞，对其进行追踪。于是，两位少校驾驶一架F-89C喷气式战斗机，根据地面导航信息直扑不明物体。在显示屏幕上，地面指挥员看到战斗机不断接近追踪目标，战斗机和UFO的信号都非常清晰，但不久，战斗机和UFO一起骤然从屏幕上消失了。此后，美国空军方面虽然进行过多次搜索，但那架奉命执行追踪任务的战斗机及其两位驾驶员依旧踪影全无，再也没有出现过。

揭秘神秘的宇宙 ?

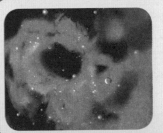

"碟形吸积体"
　　在强大的引力作用下，黑洞周围的气体涌向黑洞。气体涌向黑洞的速度极快，形成了巨大的漩涡，科学家们称它为"碟形吸积体"。

航天港：

就是在空间站的基础上增加动力、机房、服务设施、推进剂存放库和加注设备、居住舱。航天港除建造在绕地球轨道上外，在绕月球轨道、绕火星轨道上也建造一批，从而组成一个航天港网络。

追踪飞碟外星人

来无影去无踪:
UFO "坐山观虎斗"

从1939年到1945年，在长达六年的时间里，整个地球经历着历史上最可怕的战争，流血和死亡无处不在，死亡人数达5 000多万。在此期间，空军第一次成为战争的决定因素之一，不仅是陆战和海战胜负的关键因素，而且左右着战争的进程，而他们也有了近距离接触UFO的机会。

并不还击的 "敌机"

波兰籍突击队员罗曼·索宾斯基隶属于英国皇家空军战略轰炸机大队，1942年3月25日，索宾斯基及其战友奉命夜袭德国城市埃森。袭击任务完成后，他们在返回英国的途中意外地发现了一个发着橘黄色光的不明物体。他们以为那是德国的飞机，就向它开火，但奇怪的是，不明物体却没有对他们进行还击。见此情形，他们便停止了射击。那个奇怪的物体就这样伴着索宾斯基及其战友的轰炸机飞行了一刻钟（此间机上人员的神经紧张到了极点），然后突然升高，以不可思议的速度眨眼之间就从飞行员们的视野中消失了。

136

魔鬼般的空中圆筒

　　1943年12月18日，从上午11时45分起，德国设在赫尔戈兰岛、汉堡、维滕贝格以及诺伊施特雷利茨市的雷达站相继报告，发现了一大群圆筒形物体，它们以每小时3 000公里的速度从空中飞过。尽管德国空军拥有当时世界上飞行速度最快的飞机(Me-262，时速925公里)，但是，德军指挥官们看到这些魔鬼般的空中圆筒，心中也不寒而栗……

揭秘神秘的宇宙

白洞真的存在吗

　　白洞是根据黑洞在广义相对论的基础上提出的一种预言性的物体，其特性与黑洞的正相反。白洞也有一个封闭的边界，但白洞内部的物质可以经边界向外运动，而边界外的物质却不能落到白洞里面来。目前，白洞只是一种理论模型，尚未被证实。

揭秘神秘的宇宙

爱因斯坦的相对论

　　相对论主要由举世闻名的犹太裔美国科学家爱因斯坦(Albert Einstein)提出的，分为狭义相对论(特殊相对论)和广义相对论(一般相对论)，是关于时空和引力的基本理论。

　　相对论颠覆了人类对宇宙和自然的"常识性"观念，提出了"时间和空间的相对性""四维时空""弯曲空间"等全新的概念，解决了高速运动问题，与量子力学一起成为现代物理学的两大基本支柱，奠定了经典物理学基础的经典力学。不过，相对论不适用于高速运动的物体和微观领域。

"该死的怪物"

　　1944年11月23日22时，美国空军第9军415大队的两架野马P-51型歼击机正在他们位于英国南部的基地上空执行巡逻任务。突然，驾驶员E.舒勒特和F.林格瓦尔德中尉发现了一个飞行大队，正在快速地掠过他们的上空，这个飞行大队由10个明亮的大圆盘组成。两架野马式歼击机立即上仰，组成战斗队形，想拦截那些来历不明的奇怪的大圆盘。但尽管将飞机开到了最大马力，时速达730公里，两个驾驶员仍然觉得他们简直是在"圆盘飞行大队"后面"爬行"。就这样，经过13分钟注定毫无结果的跟踪"爬行"之后，两个驾驶员一无所获地返回了基地，他们汗如雨下，大声地痛骂那些"该死的怪物"。

揭秘神秘的宇宙

类星体

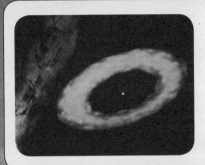

类星体是20世纪六十年代的天文学四大发现之一，它发出的射电(即无线电波)，是一种新型的银河系外的天体，可分为类星射电源和蓝星体两种。到目前为止，人类已经发现了数千个类星体。

生死对决的决定因素

由于是战争环境下的飞行，参加二战的飞行员们经常面对突如其来的危险的气流、云层，甚至死亡，其生与死的对决就在于他们能否快速和准确地发现敌机。因此，他们都练就了一身超常的判断能力和反应能力，所以，参加第二次世界大战的飞机驾驶员不可能看错他们面前的敌机型号。

当然，在这场历史上最残酷的战争中，交战各国的空军参谋部几乎都不考虑这些飞行物体有可能是一些外星文明的信使，普遍认为：这些不明飞行物属于敌方，与己方飞机相比，它们所拥有的明显的优越性造成了己方人员内心的恐惧。

战略轰炸机：

战略轰炸机一般是指用来执行战略任务的中、远程轰炸机。它是战略核力量的重要组成部分，是大当量核武器的主要运载工具之一。

揭秘神秘的宇宙

类星体的红移

类星体的显著特点是具有很大的红移，即它们以飞快的速度在远离人们而去。根据它们在相片底片上呈现出来的类似恒星的点光源像，天文学家推测，其星体大小不到1光年，也可能只是银河系大小的万分之一，甚至更小。

类星体离距离我们非常远，大约在几十亿光年以外，甚至更远（也有科学家认为，类星体并不在人们根据其红移值推算出来的遥远的地方，而是就在银河系附近）。然而看上去，它们的光学亮度却不弱，其光区的辐射功率是普通星系的千百倍，而且其射电辐射功率比普通星系大100万倍。

魔鬼降临：
UFO袭击莫斯科之谜

有很多目击者的离奇遭遇，都显示了一个奇特的现象：UFO似乎很乐意袭击莫斯科。它们总是会在莫斯科的各个地方突然出现，然后又离奇消失。

雪天奇观

1981年11月16日晚上8点来钟，在莫斯科市区东部的依兹玛伊公园，无线电工程师蔡伊特斯基和许多路人看见一架发光的圆形UFO从公园的树丛后面突然升空。树丛后面雪地上有一个完整的圆形雪融空地，显然是热力融化所致。有一位妇女目睹了整个过程，据她回忆，当时的场景是有一架飞碟降落在这块空地上，飞碟门一开，走出一个怪物。它的头好像倒放的漏斗，两眼又大又圆，手只有4个指头，有四肢，看身材像男人，好像没穿衣服，也可能是穿着紧身衣服。

UFO酷爱打洞

博加特列夫是莫斯科的一位退休医生，1981年8月23日晚，他因失眠起来到厨房去喝牛奶。突然，他吓了一跳：一个奇怪形状的、像面团一般的发光飞碟悬浮在距他寓所仅约30米的空中。医生仔细一看，更吃惊了，那飞碟好像有眼睛似的注视着他。忽然，UFO向他射来一道闪电似的光芒，将窗户烧了一个直径约8厘米的洞，洞口十分光滑。当夜，莫斯科有60多家的窗户被射熔了直径约8厘米的圆洞，博加特列夫是飞碟如何袭击窗户玻璃的唯一证人。

空间飞行器：
在地球大气层以外的宇宙空间，基本上按照天体力学的规律运行的各类飞行器，又称空间飞行器。

近距离接触： UFO对决中国空军

　　1982年6月18日夜，一个不明飞行物飞临中国华北上空，一架单机与之相遇。飞行物像气球充气一样，有节奏地呈波浪状向周围扩展，非常奇特。

单机的空中遭遇

　　1982年6月18日夜，一个不明飞行物飞临中国华北北部上空。当时中国人民解放军空军航空兵某部7名飞行员和参加飞行的全体干部、战士200多人正在进行夜航训练，分别在空中和地面目击此事，其中飞行员刘某在空中单机与之相遇。

蘑菇云:

又名蕈状云，指爆炸产生的强大的爆炸云，类似于蘑菇，上头大、下面小而得名。云里面可能有浓烟、火焰和杂物，一般指原子弹或者氢弹爆炸形成的云。火山爆发或天体撞击也可能生成天然蘑菇云。

扩展得比"蘑菇云"还要迅速

22点10分，一个像"闹钟罩""天文堡"似的物体在我国华北上空出现，然后像气球充气一样有节奏地呈波浪状向周围扩展。扩展的速度比氢弹爆炸时升起的蘑菇云还要迅速，一会儿的工夫，就像一座大雪山似的矗立在空中。整个物体呈乳白色，边缘清晰明亮、有光泽，后来由浓变淡、透光，22点30分基本消失。

围拢靠近：
UFO骚扰民航班机

被人跟踪肯定是一件很不爽的事情，但如果是跟被UFO跟踪比，那就不算什么了——曾有民航班机被UFO紧紧地跟踪……

UFO和客机对峙

1959年2月，美国宾夕法尼亚州和俄亥俄州的6架民航飞机的机组人员，在飞行途中目击了三个不明飞行物，其中一个不明飞行物两度降低高度，向飞机靠拢，但并未袭击客机，只是保持着一定的距离，和客机对峙。

锥体飞行物跟踪客机

1967年2月2日，秘鲁航空公司的一架DC-4式客机曾被不明飞行物紧紧跟踪了300公里。在记者采访时，这架飞机的机长奥斯瓦尔多·桑比蒂详细地讲述了这次不寻常的空中事件："2日18点整，我们从皮乌拉起飞，飞往利马，半小时后，忽然发现在飞机的右侧有一个发光物体。当时天色已经开始暗了下来。我看到那个物体发出刺目的光芒，它看起来像一个倒置过来的锥体。当时光线变暗，我们想与指挥中心联系，却发现信号失灵了。大家很害怕，还有人吓得哭起来。当我们终于和塔台联系上时，不明飞行物转瞬即逝，再也没出现。"

太空行走：

狭义：太空行走即指航天员离开载人航天器乘员舱，只身进入太空的出舱活动。

不善的行动：
UFO攻击军事设施

　　军事设施一直是各国高度重视的地方，也是重点防守的地方，但UFO似乎也对这些高度机密的军事设施异常感兴趣——UFO开始攻击军事设施！

UFO的袭击

　　UFO开始攻击军事设施！巴西军方发出紧急信号。巴西各方接连发生类似事件，巨大的圆形飞行物突然袭击碉堡，无形的热浪灼伤了周围的人，碉堡瞬间一片黑暗，陷入黑暗与恐怖中。

空间站：

空间站是一种在近地轨道长时间运行，可供多名航天员在其中生活工作和巡访的载人航天器。

航行遇UFO

其实，在碉堡受到攻击之前，巴西伯鲁多阿雷克机场工作人员看到过奇怪的飞行物体。当时，一架民航机从该机场起飞前往圣保罗，当飞行到2 100米的高空时，机长发现，左前方有个红点正逐渐与他们接近。由于好奇心的驱使，机长决定改变航向，朝那光点飞去，想一探究竟。

飞机径直向UFO飞去，忽然，整个飞机内部充斥着物体烧焦的味道，机长吓了一跳，马上检查各种仪器，原来，自动方向测知机和无线电都已经烧坏，右翼的引擎也在冒烟。就在他们手忙脚乱地灭火时，UFO已无踪影。鉴于飞机出现故障，机长只得决定返航。

揭秘神秘的宇宙

天体的红移

一个天体的光谱向长波（红）端的转移叫做红移。通常认为它是多普勒效应导致的，即当一个波源（光波或射电波）和一个观测者互相快速运动时所造成的波长变化。1929年，美国天文学家哈勃确认，遥远的星系均远离我们地球所在的银河系而去，同时，它们的红移随着它们的距离的增大而成正比地增加。

魔力无边：
外星人施展"定身法"

著名的瓦朗索尔事件发生在一个清晨，目击者听到了类似钢锯锯金属时发出的"咝咝"声，他走近看到一个形状古怪的椭圆物，两个矮人蹲在那里……

外星人造访农场

农场主英里斯世世代代住在瓦朗索尔，1965年7月1日凌晨5时45分，他听到从他的熏衣草地传来一阵尖利的"咝咝"声，好像是钢锯锯金属时发出的。英里斯循声过去，意外地看见一个形状古怪的椭圆物，像一只巨大的蜘蛛趴在地里，圆球底下似乎蹲着两个矮人。克服了恐惧，英里斯好奇地走近，看到那两个小矮人正面对面地蹲在那里，似乎在"研究"一棵熏衣草。

揭秘神秘的宇宙

人类探测太空的帮手——太空探测器

太空探测器是人类用来对月球及其他天体和空间进行探测的无人航天器。对地球以外的空间探测的主要目的是：研究其他星体的状况和起源以及探寻生命的起源和演变历史等。为了更多地了解宇宙的奥秘，揭开太空的神秘面纱，从20世纪60年代开始，人类就开始向遥远的太空发射各种各样的探测器。

到底有多少种天文望远镜呢？

射电望远镜：

射电望远镜（radio telescope）是指观测和研究来自天体的射电波的基本设备，可以测量天体射电的强度、频谱及偏振等量。

外星人施展"定身法"

当距离飞行器五六米远的时候，英里斯被那两个矮人发现了。两个矮人商量后，一个矮人从右侧一个盒子里取出一根管子对准英里斯。之后他就不能动了，但意识还很清醒。不久，两个矮人飞进圆球，像图片一闪，就从眼前消失了。近半小时后，英里斯才慢慢地能动弹。之后，有关人员勘查现场发现，矮人"研究"过的熏衣草长势更好；除嗜睡外，英里斯身体状况良好。

幸与不幸:
被外星人救过的人

20多岁的美国飞行员弗雷德·里根驾机飞行时与迎面而来的不明飞行物相撞,事后,他说自己被玻璃瓶样的外星人救起,他们还帮自己切除了脑部的肿瘤。

不幸被撞幸运被救

1952年7月16日,弗雷德·里根在2400米的高空驾机飞行,突然与迎面而来的不明飞行物相撞。飞机尾翼被撞碎,他也被抛出舱外。由于没带降落伞,他当时认为自己死定了,但他却活了下来。根据他对亲人的讲述,是玻璃瓶样的外星人救了他,还帮他切除了脑部的肿瘤,并跟他说他们没恶意。但没人相信他,甚至连他的亲人都不信。不久,他就得了严重的忧郁症,进了亚特兰大精神病院,并于1953年5月16日病死在医院里。

 太阳风:

日冕因高温膨胀不断向外抛出的粒子流。由电子、质子和少量重离子(主要是 α 粒子)所组成。

脑部动过奇异手术

后来，医学专家们解剖了弗雷德·里根的尸体，他们异常惊讶地发现，他的脑细胞已发生了严重的病变，其大脑看来是被极强的射线辐射过。他们还发现，几个月之前，他大脑中的一个肿瘤被摘除，但所用的器械并不是人们通常使用的手术刀，而是一种目前人类医学上从未见过的新型器械。美国当局对此根本无法解释。

揭秘神秘的宇宙

火星探测器

太空探测器有多种类型，按照访问对象划分，可分为彗星探测器、行星探测器及宇宙探测器等，火星探测器就属于一种行星探测器。

虽然人类至今无法登陆火星，但通过太空探测器，我们对火星有了一定的了解。1997年"火星探路者"号探测器在火星着陆，并发回了火星360°的全景照片。

勇者的行为：枪击外星人

当遭遇外星人时，出于对未知事物的恐惧和对自己及家人的生命的责任，尽管没有获胜的把握，但人类还是选择了开火。这其中虽有幸免于难的勇者，但更多的还是失去无辜的生命。因为，毫无疑问，每一场都是实力悬殊的对决……

"彩虹"飞碟

L.萨顿居住在美国肯塔基州克利城郊的一个农庄里，当时家里有8个成年人、3个孩子。1955年8月21日晚，大约7点钟光景，他们看见一个如彩虹般闪烁着多种色光的飞碟，降落在离他们的房屋十几米远的水沟旁。一开始，大家还以为是坠落的流星，都没太在意。但是，随后不久，他们就发现三个奇怪的发光体正在不断地靠近他们的房屋。

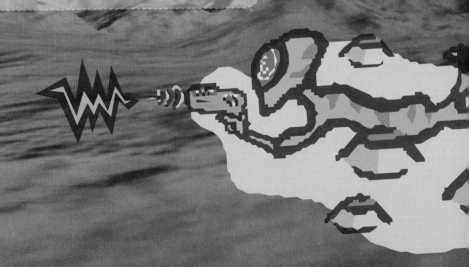

幸运的萨顿

L.萨顿他们从来没有见过这种东西，大家都认为这是很危险的事情，为了保护家人，他们拿出枪和三个外星人周旋交火，但外星人似乎并不害怕，因为看起来这些枪并没有给他们带来多少损伤。不过，值得庆幸的是，外星人没有主动攻击他们，也没有对他们的开火进行还击，因此，L.萨顿很幸运地没有受伤。最后，三个发着光的"类人体"消失在夜空中。

揭秘神秘的宇宙

距离太阳最近的行星——水星

在太阳系的八大行星中，水星距离太阳最近。由于水星温度高，体积小，所以它的重力场不够强大，不能吸引大气层。因此，它也是一颗干燥的、空气稀薄的行星，白天很热，晚上很冷。水星的体积很小，而且它几乎被太阳光遮挡住了，所以我们很难用肉眼观察到它，一般只能在日落之后的西方天空的低处，或者拂晓之前的东方天空的低处看到它。

水星的表面有很多火山和山脊，这是因为在它形成的早期，由于温度升高，它的直径大约膨胀了35公里，同时产生了许多火山。从火山中流出的火山熔岩在平地上冷却、收缩、凝固，然后在星球表面形成了山脊。

倒置的"洗面台"

　　另外还有不少人类对外星人开火的事件，不过，并不是所有的当事人都像萨顿一家那么幸运。巴西也发生过枪击外星人事件，但是当事人的命运就比萨顿一家要凄惨得多。

　　事件发生在1967年8月13日，大约午后4时。当天下午，农场主伊纳西欧开车载着妻子玛莉亚和五个孩子到附近的森林进行野餐。傍晚回到住处时，他们吃惊地发现一个巨大的物体停在农场私人飞机场的跑道上，其直径超过30米，形状看起来就像倒过来放置的洗面台。更令人震惊的是，在伊纳西欧的家与怪物体的中间一带有三个外形像人的生物在走动。

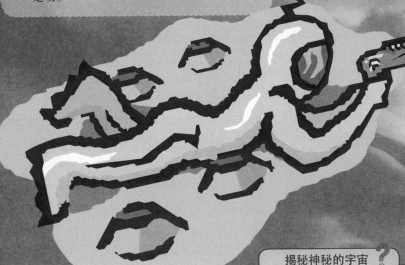

揭秘神秘的宇宙

新奇的太空生活

　　生活在航天飞机和空间站中的宇航员与科学家们，他们的主要任务是从事各种各样的科学研究。当然，他们跟生活在地球上时一样，也离不开睡觉、吃饭、喝水、上厕所。那么，他们在太空中的日常生活究竟是怎么样的呢？

　　在空间站中，宇航员处于失重的状态。为了防止睡着后身体自由漂浮，他们时常会戴上眼罩和耳塞，并将自己的双臂束缚住，而且，还得把睡袋固定在舱壁上。

揭秘神秘的宇宙

太空中的吃喝拉撒

太空中的饮食和在地球上有所不同，大多食物必须压缩，有的可以保持原样带入太空，如面包、饼干、坚果等。有的食物在吃之前必须用水软化，如玉米片、炒蛋、鸡肉、米饭等。因为太空中没有重力，为了防止食物"漂走"，进食时，要先把食物固定在餐盘上，再把餐盘固定在自己的大腿上。用餐时必须用叉子、筷子，这样才能把食物送进嘴里。

由于没有重力，就连尿液也会四处"漂浮"。在排泄小便时，宇航员必须利用漏斗把小便排到一根长长的软管里。太空中的马桶和飞机上的一样。不过，在如厕前，宇航员要先把自己固定在马桶上，然后，排泄出来的粪便再在气流的作用下被送入粪便收集器。

在太空中洗澡很麻烦。宇航员先要把脚固定住，不然飘浮的身体被水一冲会不停地翻跟头。太空中有的浴室像一个睡袋一样，宇航员洗澡时，袋内有清水和浴液流出，搓洗完毕后，可以打开袋下的抽风机把脏水抽走。

在太空中，除了做一系列的科学试验外，运动也是宇航员必不可少的活动。因为空间站里的重力非常小，所以人体肌肉非常容易发生萎缩，为了保持健康，宇航员会按照运动计划表进行运动。

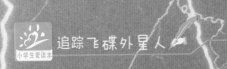

追踪飞碟外星人

要人命的绿光

伊纳西欧和玛莉亚以为有人要袭击农场。为了保护家人不受伤害、农场不受破坏，伊纳西欧果断地决定向其中的一个怪生物开枪。但是，他还没来得及扣动扳机，停在跑道上的那个怪物体突然发射出一道绿光。毫无防备的伊纳西欧被绿光射中胸部，当场昏迷不醒。接着，三个怪生物钻进怪物体，随后，伴随着类似于蜜蜂群飞翔的怪声，怪物体垂直升空，并迅速离去。

后来，不幸的是，医生检查出伊纳西欧患有白血病，是受射线辐射引起的。据医生猜测，应该就是那道奇怪的绿光导致的。1967年10月11日，也就是在与怪物体和怪生物遭遇58天后，在家人的看护下，不幸的伊纳西欧离开了人世。

揭秘神秘的宇宙

最重的行星

在太阳系的八大行星中，木星是最大的，它比其他所有行星的质量总和还要大两倍多。它的中心内核是固态的岩石，质量大约相当于地球的10～20倍。固态岩石外，包裹着一层如同金属一样的液态氢，然后是大气层。

158

流星：

是分布在星际空间的细小物体和尘粒，叫做流星体。它们飞入地球大气层，跟大气摩擦发生光和热，这种现象叫流星。

怪事一件：路遇UFO

巴比罗开着车子回家，突然，收音机没有声音了，与此同时，车子引擎也慢了下来，然后，有一道奇怪的"光"掠过他的工具箱、座位……

极具穿透力的蓝光

这是1973年5月22日凌晨3点发生的事。当时，巴比罗突然看见自己开的车里有一束直径约20厘米的明亮的圆形蓝光。这束奇怪的"光"慢慢地移动着，掠过他的工具箱、座位、锁着的手提箱、车顶和他的双腿，当掠过工具箱上面时，他居然可以透过蓝光看到驾驶室被隔开的引擎。巴比罗既疑惑又害怕——那"光"显然是不同于地球的物体。他想离开却无法挣脱。

揭秘神秘的宇宙

彗星和木星相撞

1994年，很多人亲眼目睹了"苏美克-列维"9号彗星与木星相撞的重大宇宙事件。当时，彗星的20多块碎片持续撞向木星，相当于在130小时之内，在木星上空不间断地爆炸了20亿颗原子弹，释放了约40万亿吨TNT（这是一种威力很大的烈性炸药，其数量又被作为能量单位使用，每千克TNT炸药可产生420万焦耳的能量。核武器爆炸时所释放的能量通常用释放相同能量的TNT炸药来表示，称为TNT当量）烈性炸药爆炸时的能量。

宇宙坍塌:

宇宙可能在一场毁灭性的"大吞噬"中坍塌。尽管它的生长速度正在加快，但物理学家表示，届时它仍将开始由外向内爆炸，到目前为止，这种情况只发生过两次。

手提箱被打开

　　由于过度紧张，他昏了过去。被路人发现时，他的手提箱已被打开，里面的支票、相片、公义等散落在整个车内，巴比罗身上没有任何伤痕，还能清醒地确认自己的东西。当天下午，巴比罗在医院里感到后背、臀部轻微发痒。第二天，发痒的地方开始出现不规则、无痛楚的蓝紫色斑点，臀部的斑点更大、更明显。不久，这些斑点变成黄色，很像瘀伤。

第四章
外星人留下的"礼物"

外星人会给地球人留下"礼物"吗

现在，已经有很多地球人都声称亲眼见过外星人，这样的新闻已经不足为奇。除此之外，还有一些人还称自己拥有外星人留给他们的物品。耳听为虚，眼见为实，经过科学家的检测，有些物质材料真的是地球上所没有的。那外星人送给地球人这些物品又有什么用意呢？我们只能期待着在不久的将来能找出答案。

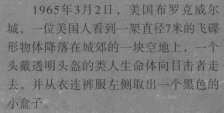

外星人给目击者带文字的纸片

1965年3月2日，美国布罗克威尔城，一位美国人看到一架直径7米的飞碟形物体降落在城郊的一块空地上，一个头戴透明头盔的类人生命体向目击者走去，并从衣连裤服左侧取出一个黑色的小盒子。

同时又给目击者两片质地极细的纸，上面写着奇形怪状的外星文字。美国专家研究后发现，文字中有"火星"二字，其余的就不明其意了。

据美国飞碟专家霍尔曼森说，1956年发现的类人生命体留下的文字中常常提到金星、火星、木星这些星球，想必他们是来自那里，或在那里居住过，或在那里有他们的基地。

外星人给目击者几块金属片

　　1965年4月24日，在美国的达特木尔发现一个在离地面1米飞行的飞碟，飞碟缓缓着陆后，从里面走出三个类人生命体。他们来到目击者面前，操着蹩脚的英语，并给了他们几块金属碎片。这些金属碎片的材料质地在地球上从未见过，是否具有强大的辐射也无从知晓。

　　后来这几块碎片被送到美国埃克塞特天文台学会去研究，其结果被保密起来，未予公布。

揭秘神秘的宇宙

木星的卫星

　　由木星起，按逆时针方向依次是木卫一、木卫二、木卫三、木卫四，这四个卫星被称为伽利略卫星。它们的密度随着离木星的距离的增大而减小，这与太阳系中各个行星的密度随着离太阳的距离而变化的情况十分相似。

外星人给地球人一块白色卵石

1972年6月，一位意大利无线电工程师用天文望远镜观察卫星时，突然发生停电。周围一片漆黑，这时他看见前方出现了3个两米多高的外星人，眼睛发着光。不远处还停着一个卵形的飞碟，直径约4米。外星人向工程师慢慢走近，看起来并无恶意，他们在工程师手里放了一块白色半透明的卵石之后，便返回飞行物体，快速消失在夜空中了。

揭秘神秘的宇宙

高温"海洋"——天王星

科学家们推测天王星上可能有一个深约10 000公里，温度高达6 650℃的液态海洋，它的主要成分是水、硅、镁、含氮分子等，沉重的大气压力令这些物质的分子紧密挤靠在一起。所以，尽管"海洋"温度极高，但并没有沸腾，也没有蒸发。

166

外星人送给地球人一块饼

　　1961年4月，在美国的威斯康星州，发生了一件更为离奇的外星人着陆事件。一个外星矮人走下飞碟，来到目击者面前，拿出一个有两个把手的"瓦罐"，做出要喝水的样子。

　　于是，目击者给他倒了水，这个外星矮人似乎是为了向他表示感谢，就给了目击者一块样子奇特的"饼"。后经实验室化验、分析，这块"饼"的成分是地球上没有的。

追踪飞碟外星人

外星人送给被绑架者一块石子

1972年10月，一位阿根廷目击者从几个外星人那里获得一块坚硬的黑色石头。经过化验，石块既非燧石，也不是钻石，更非地球上的岩石。

当时这位目击者被飞碟的光击中后失去知觉，后来他模糊地记着，自己好像曾在一个飞碟里待了一些时候，不过等他醒来时，自己已经躺在了自家的门口，手里拿着这块黑色的小石子。不过从那以后，他的这只手经常莫名的肿痛，而医生也始终查不出具体的病因。

揭秘神秘的宇宙 ❓

典型的气体行星——海王星

在太阳系已知的八大行星中，海王星距离太阳最远，其亮度不高。海王星是一颗典型的气体行星，星球上不时地呼啸着大风暴和旋风。大风暴和旋风都呈带状分布。其风暴的风速在太阳系中是最快的，每小时能达到2 000千米左右。

海王星内部的核是由岩石构成的，核内的温度大约在2 000℃～3 000℃之间。它的核外是冰包层。冰包层的外面是密度很高的大气层，大气中的主要成分是氢、甲烷、氨等气体，甲烷吸收了太阳光中的红光后，就会变成蓝色，因此，海王星看上去就像蓝色的海洋一样。所以，人们称它为海王星，这个名字来自古希腊神话中的海神——波塞冬。

海王星的暗斑和白斑

海王星的表面有一些巨大的黑色斑点，被称为大暗斑，它们实际上是风暴。星球的表面还有一些白斑，它们是甲烷的冰态云团。

黑洞：

广义相对论预言的一种特别致密的暗天体。大质量恒星在其演化末期发生塌缩，其物质特别致密，它有一个称为"视界"的封闭边界，黑洞中隐匿着巨大的引力场，因引力场特别强以至于包括光子在内的任何物质只能进去而无法逃脱。

美丽的艺术：
外星人在新疆留下岩画

新疆维吾尔自治区博物馆的考古工作者曾在新疆北部青河县西北的一个山沟中，发现散落面积达数平方公里的陨铁石群，令人称奇的是，在这里还发现了多处以陨石为载体、疑与外星人有关的文物。

揭秘神秘的宇宙

名不副实的海王星

海王星就像一个蔚蓝色的大圆球，表面似乎被茫茫的大海覆盖着，并因此而被用波塞冬——这个希腊神话中的海神的名字来命名。

但实际上，海王星上根本没有海洋，甚至连一滴水也没有。

至今为止，人们已发现海王星有八颗卫星，其中最大的是海卫一。海卫一的表面温度为-235℃，是太阳系中最冷的一颗星。

青河县陨石大坠落

　　发现者张晖说："根据陨石成分的密度及体积，初步推测其中有的陨石足有100吨以上。"目前世界上最大的陨铁是1920年坠落在非洲纳米比亚的重60吨的"戈巴陨铁"。"历史上青河县曾发生过陨石雨大坠落，"张晖推测，无论是陨石的散落面积、规模和数量，都堪称世界之最。

　　这些物体大多为圆形，个别有棱角。表面呈铁锈色，布满坑洞和疤痕，张晖依据断裂面分析其成分为"黑白色铁镍金属"，这些金属物与当地的山体基岩——花岗岩、片麻岩等截然不同，与周围环境极不一致，毫无任何关联。

　　陨星分为陨石、陨铁、陨铁石三种，其中陨铁、陨铁石较为罕见，陨石占陨星数量的92%，所以民间也有把三种陨星统称为"陨石"的现象。而青河县发现的陨石恰是这极为少见的品种。这引起了各方专家和天文爱好者的广泛关注。

揭秘神秘的宇宙

备受争议的矮行星——冥王星

冥王星（Pluto）是1930年1月被发现的，它的名字来自古罗马神话中的冥王普路托。最开始，人们认为它是太阳系中的一颗大行星，并且名列于"太阳系九大行星"之中。然而，2006年8月24日，在布拉格举行的第26届国际天文联会中，天文学家们重新确认太阳系只有八大行星，冥王星被定义为"矮行星"，不再居于"太阳系九大行星"之列。而原先被认为是冥王星的天然同步卫星"卡戎"也因此而被重新定义，与冥王星一起被称为"双星系统"。

在太阳系中，冥王星是目前已知距离太阳最远的矮行星，而且它的运行轨道也是最扁的。它不仅质量小，其表面温度也很低，它的表面物质主要是固态或液态。它也是至今为止唯一没有被宇宙飞船"访问"过的行星。

以陨石为载体的文物

令人称奇的是，在这次发现的陨石群里，还发现了多处以陨石为载体的文物。包括用陨石雕凿而成的圆球状石人，以及刻在陨石上的牛、羊、马、骆驼等岩画，而且惟妙惟肖，反映出不俗的制作水准。这是星际之外的"超文明"外星人所做，还是有其他不为人知的神秘力量？我们无从知晓。

独目人主题如出一辙

在众多岩画中，有一幅"独目人"图案陨石岩画与分布在世界许多地方的"独目人"岩画惊人地相似。

刻在陨石上的"独目人"头部呈圆圈状，中间绘有一眼，两手相连环置胸前，胸以下左右被两道圆弧包裹，只露出双脚。据了解，在内蒙古阴山岩画、宁夏贺兰山岩画、加拿大安大略湖皮托波洛岩刻、北撒哈拉岩画、埃及"德耶德支柱"上均有"独目人"图案，而在青河县发现的这幅"独目人"造型与贺兰山岩画中的"独目人"形象如出一辙。

天神崇拜图

　　如此奇观，让人不禁联想到一段历史：最早到中国探险的欧洲人——古希腊人亚里斯底阿斯在公元前7世纪东行至中国的阿勒泰山一带，并将旅行见闻写成了《独目人》一书。因此，一些专家推测，刻在陨石上的"独目人"很可能反映了"当时有真实存在的超文明使者"，这一岩画是阿尔泰语系诸民族萨满教的最主要的天神崇拜图。

揭秘神秘的宇宙

矮行星

　　矮行星是太阳系外围较小的天体，它是指与行星同样具有足够的质量，呈圆球状，但不能清除其轨道附近其他物体的天体。

　　矮行星具备四个特点：该天体会围绕太阳公转；有足够大的质量，能够依靠自身的重力作用保持平衡；该天体会受到轨道上相邻天体的干扰；该天体不是卫星。

陨石是怎样形成的呢?

陨星:

流星体经过地球大气层时，没有完全烧毁而落在地面上的部分，就是我们常说的陨星。陨星有纯铁质的、纯石质的和铁质石质混合的。我们常说的陨石就是含石质较多或全部为石质的陨星。

陨星为人们研究地球外的星体提供了宝贵的资料，是具有重要科学价值的标本。

揭秘神秘的宇宙

白矮星

白矮星是一种低亮度、高密度、高温度的恒星，由于其星球表面的颜色是白色，而且体积比较矮小，因此，它被命名为白矮星。白矮星属于演化到晚年期的恒星。

恒星在演化后期，抛射出大量的物质，经过大量的质量损失后，如果剩下的核的质量小于1.44个太阳质量，这颗恒星就可能演化成为白矮星。

"神秘石板"：外星人在5000万年前曾造访俄罗斯

5000万年以前，外星人曾经造访过现在的巴什基尔地区。这一结论是俄中联合考察队在羌达尔村外进行发掘，并发现一块"神秘的石板"以后得出的。

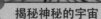

揭秘神秘的宇宙

小行星带

小行星带在太阳系中火星轨道和木星轨道之间。这里云集着众多小行星，几乎98%以上的小行星都是在这里被发现的。天文学家们估计，此处的小行星大约有50多万颗。尽管数量庞大，但由于它们分布在广袤的太空中，彼此之间相距大约好几千米，所以，假如穿过这条小行星带，几乎就看不到里面的小行星。尽管如此，但是，大量小行星的存在对地球仍然是一种潜在的危险。

巴什基里亚立体地图

这块"石板"是用一种很像是水泥的材料制成的。其长度为1.5米、宽1米、厚0.16米。"石板"上刻有一幅三维地形图,图上标有几个未知古代文明的水利设施。微微起伏的图形表面烧有一层白色的瓷釉。用学者们的话来说,意外发现的这张图不是别的什么东西,而是当今巴什基里亚部分地区的立体地图。

地图显示高度史前文明

专家们认为,这张地图上的资料和数据只能通过航拍或太空摄影的途径才能获得。未知的地图绘制者们,用一种软体动物的贝壳当做地图上一系列目标的图例,而这种软体动物早在5000多万年以前就灭绝了。正是这种软体动物使学者们大体上确定了发现物的年龄。

巴什基尔国立大学的学者们有一种倾向,认为这个发现可以证明地球以外确实存在着高度文明,即所谓"外星球高度文明"。

揭秘神秘的宇宙

宇宙尘埃

在小行星带中,除了小行星,还有飘浮着许多宇宙尘埃微粒。这些尘埃微粒多是岩石颗粒与金属颗粒,其半径大约只有几百微米。它们大多数都是在小行星相互碰撞时产生的,或者是在微小的陨石撞击小行星的时候产生的。

外星婴儿

1983年7月14日晚8点左右，一个火红的发光体在吉尔吉斯斯坦某村上空爆炸，漫天紫红，异常耀眼。片刻后，又响起一阵爆炸声，而更大的震撼却在后面……

天外遗孤

　　经过调查，人们确信是来自太空的飞船爆炸了。根据牧羊人的指引，人们找到了一个椭圆形金属物体。物体下部有短而粗的"脚"，还有一个反推力制动装置，物体上部有一扇紧闭的门。人们打开门发现了一个很像地球人的男婴。他呼吸缓慢，像熟睡了一样。后来，人们往金属体内输送了氧气，直升机将球体运到伏龙芝研究中心。

恒星：

恒星是由炽热气体组成的，能自己发光的球状或类球状天体。离地球最近的恒星是太阳，其次是处于半人马座的比邻星，它发出的光到达地球需要4.22光年。

与地球人的差异

男婴在伏龙芝研究中心生活了11周零4天，受到了悉心照料，但终因感染严重而死于当年10月3日。

据知情人透露，那个男婴很像地球人，但他的手指和脚趾间都有蹼，这说明他曾在水里生活过；他的眼睛呈奇怪的紫色。X光透视的结果表明，男婴的机体结构与地球人的一样，但心脏特别大，脉搏较慢，每分钟60次，他的大脑活动却比地球上成年人的还频繁。

客死异乡：
外星人遗留在地球上的尸体

外星人操纵着其星际交通工具飞碟频繁地在太空飞行、考察，虽然飞碟非常先进，但不可能绝对完美，因此，就会有飞碟失事的可能，这就难免有飞碟残骸、外星人的尸体，甚至活的外星人降临地球。

美国军方回收一个坠毁飞碟

1950年12月7日，在墨西哥境内，美国空军上校威廉·克哈姆和上尉巴金斯目睹了美国军方回收一个坠毁飞碟（其中包含一具外星人的尸体）的情况。坠毁的飞碟和外星人的尸体都被运到了美国。

银河系：

是地球和太阳所属的星系。因其主体部分投影在大球上的亮带被我国称为银河而得名。银河系侧看像一个中心略鼓的大圆盘，整个圆盘的直径约为8万光年。

潘帕斯草原上的坠毁

　　1950年，一个飞碟在阿根廷荒无人烟的潘帕斯草原坠毁落地。这个飞碟的圆盘直径约10米，高约4米，有舷窗，座舱高约2米，表面光亮严整，机舱内有三个死去的小矮人。类似的事情在意大利也曾发生过。有一天，建筑师艾·波萨驱车旅行，在一个荒无人烟的地区，他发现离公路不远处有一个倾斜的圆盘状物体，上面有个打开的舱口。波萨从舱口走进圆盘状物体内，发现在直径6米的圆舱里有三个黑色物体，其中包括一具外星人的尸体。

揭秘神秘的宇宙

永恒不变的星——恒星

　　银河系中有1千亿～2千亿颗恒星，我们在地球上用肉眼大约能看见其中的6 000多颗，借助望远镜大约能够看见几百万颗。古代天文学家认为，恒星在天空中的位置是固定不变的，所以就将它们命名为"恒星"，即"永恒不变的星"。实际上，恒星也在不停地运动。由于恒星距离地球实在太遥远了，所以，我们在地球上几乎感觉不到它们的位置变化，而且它们的星光也显得很微弱。

　　恒星诞生于太空中的星际尘埃物质。它的"青年时代"是主星序阶段，这是它最漫长的黄金时代。此后，它慢慢演变成一颗红巨星，直到红巨星爆发，大量的物质被抛射回太空，留下的残骸成为白矮星、中子星或黑洞。

图书在版编目（CIP）数据

追踪飞碟外星人 / 学习型中国·读书工程教研中心
主编 . -- 南京：江苏凤凰科学技术出版社，2016.8
　（小学生爱读本）
　ISBN 978-7-5537-5411-6

　Ⅰ . ①追… Ⅱ . ①学… Ⅲ . ①飞盘 - 少儿读物②地外
生命 - 少儿读物 Ⅳ . ① V11-49 ② Q693-49

　中国版本图书馆 CIP 数据核字 (2015) 第 227447 号

追踪飞碟外星人

主　　　编	学习型中国·读书工程教研中心
责 任 编 辑	张远文　葛　昀
责 任 监 制	曹叶平　方　晨

出 版 发 行	凤凰出版传媒股份有限公司
	江苏凤凰科学技术出版社
出版社地址	南京市湖南路 1 号 A 楼，邮编：210009
出版社网址	http://www.pspress.cn
经　　　销	凤凰出版传媒股份有限公司
印　　　刷	北京富达印务有限公司

开　　　本	718mm×1000mm　1/16
印　　　张	11.5
字　　　数	75 000
版　　　次	2016年8月第1版
印　　　次	2016年8月第1次印刷

标 准 书 号	ISBN 978-7-5537-5411-6
定　　　价	24.80元

图书如有印装质量问题，可随时向我社出版科调换。